普通高等教育"十三五"规划教材
暨智能制造领域人才培养规划教材

机械 CAD/CAM 技术——Creo 应用

主 编 刘世平 李喜秋 赵 轶

U0303366

华中科技大学出版社

中国·武汉

内 容 简 介

本书是根据普通高等学校的相关教学环节(如工程制图教学、课程设计、毕业设计、数控实习、模具设计、工程训练、创新竞赛等)的需要而编写的。主要内容包括三维设计软件 Creo(原 Pro/Engineer)的草图绘制、零件基本造型设计方法、曲面造型方法、装配设计、工程图设计、机构分析与动画制作、模具设计、数控程序生成等。

本书用典型、清晰、简单的例子引导读者以较高的效率熟悉 Creo 的基本操作。书中包含的范例已在多轮教学中应用,并经过实际上机演练。

本书可作为普通高等学校机械类专业"机械 CAD/CAM 技术"课程的教材,也可以作为开展工程训练和创新竞赛的自学教材和参考书。

图书在版编目(CIP)数据

机械 CAD/CAM 技术:Creo 应用/刘世平,李喜秋,赵轶主编.—武汉:华中科技大学出版社,2019.7
(2025.1重印)
  普通高等教育"十三五"规划教材暨智能制造领域人才培养规划教材
  ISBN 978-7-5680-5435-5

  Ⅰ.①机… Ⅱ.①刘… ②李… ③赵… Ⅲ.①机械设计-计算机辅助设计-高等学校-教材 ②机械制造-计算机辅助制造-高等学校-教材 Ⅳ.①TH122 ②TH164

中国版本图书馆 CIP 数据核字(2019)第 144511 号

机械 CAD/CAM 技术——Creo 应用
Jixie CAD/CAM Jishu——Creo Yingyong

刘世平　李喜秋　赵　轶　主编

策划编辑:万亚军
责任编辑:戢凤平
封面设计:原色设计
责任校对:王亚钦
责任监印:周治超
出版发行:华中科技大学出版社(中国·武汉)　　电话:(027)81321913
　　　　　武汉市东湖新技术开发区华工科技园　　邮编:430223
录　排:武汉三月禾文化传播有限公司
印　刷:武汉邮科印务有限公司
开　本:787mm×1097mm　1/16
印　张:12
字　数:306 千字
版　次:2025 年 1 月第 1 版第 2 次印刷
定　价:35.00 元

前　言

时光荏苒,从 2006 年编写出版《Pro/Engineer 野火版三维造型设计》开始,编者已经有了多年从 Pro/Engineer(Pro/E)到 Creo 软件使用教程的编写经历,也同时有了十几年的 Creo(Pro/E)软件的课堂教学和上机辅导经验。这些年来,Creo(Pro/E)软件越来越实用,越来越好用。编者也在不断根据软件使用经验和教材使用经验,对教学内容进行着调整。

在本次编写中,编者以尽量缩短软件学习时间、尽量缩短入门时间为目标,坚持以经典的小例子作为引导。这些小例子取自典型的工程产品,进行了必要的细节删减,以减少建模时间。本书除及时配合 Creo 软件的变化外,还提供了大量的操作演示视频资源,以方便读者自学。读者可通过扫描相应页码上的二维码,在手机或计算机上播放。

同时,编者坚持以横跨产品设计和制造为目标,以服务大学机械类系列课程(包括工程制图、机械原理、金工实习等)为目标。本书中的造型设计和装配设计主要配合工程制图课程,机构与动画主要配合机械原理课程。本书中的模具设计和数控加工模块,需要在金工实习(工程训练)课程中结合数控机床实习来把握。

本书也根据工程制图课程所用习题集的变化、“全国大学生先进图形技能与创新大赛”的参赛经验、大学生创新设计与制作中使用 Creo 软件的情况等,对习题进行了调整。特别是在习题所配的工程图样中,贯彻了最新的工程制图标准。

本书可作为普通高等学校机械类专业“机械 CAD/CAM 技术”课程的教材,亦可作为三维工程图绘制、大学生工程能力和创新创业训练的参考书。

本书由刘世平、李喜秋、赵轶主编。在本书即将出版之际,编者们要特别感谢为本书的编写提供了宝贵意见的人们,特别是历届大学一年级的同学们。他们学习 Creo 软件时亲自演练过书中的每一个例子,发现了其中的一些错误,也提供了一些很好的编写建议。感谢华中科技大学工程图学教学小组的同仁们,在他们的帮助和支持下,本书得以顺利编写完成。

本书内容虽然经过多年使用和不断修改,但仍然存在不足之处,恳请广大读者批评指正(联系邮箱:2680708269@qq.com)。

编者

2019 年 2 月

目　　录

第1章　Creo 简介与基本操作 ………………………………………………（1）

1.1　Creo 简介 …………………………………………………………（1）

1.2　Creo Parametric 的安装 ……………………………………………（3）

1.3　Creo 的界面及其特点 ………………………………………………（4）

第2章　二维草绘功能 …………………………………………………………（12）

2.1　二维草绘环境的设置 ………………………………………………（12）

2.2　二维草绘的基本功能 ………………………………………………（14）

2.3　二维编辑功能 ………………………………………………………（21）

2.4　二维截面的几何约束 ………………………………………………（24）

2.5　二维截面的尺寸标注 ………………………………………………（27）

2.6　二维草绘举例 ………………………………………………………（28）

第3章　三维建模基础 …………………………………………………………（34）

3.1　特征模型树 …………………………………………………………（34）

3.2　基准的创建 …………………………………………………………（36）

3.3　层树 …………………………………………………………………（40）

3.4　三维建模基本功能 …………………………………………………（41）

3.5　设计举例 ……………………………………………………………（47）

第4章　创建工程特征 …………………………………………………………（55）

4.1　创建孔特征 …………………………………………………………（55）

4.2　创建倒圆 ……………………………………………………………（59）

4.3　创建倒角 ……………………………………………………………（61）

4.4　创建拔模 ……………………………………………………………（62）

4.5　创建壳体 ……………………………………………………………（63）

4.6　创建筋板 ……………………………………………………………（64）

4.7　常用的特征编辑功能 ………………………………………………（66）

4.8　直接特征应用举例 …………………………………………………（68）

第5章　三维曲面建模 …………………………………………………………（73）

5.1　曲面造型的基本创建方法 …………………………………………（73）

5.2 混合曲面及扫描混合曲面 ·························· (74)

5.3 螺旋扫描 ······································· (80)

5.4 边界混合曲面 ··································· (84)

5.5 曲面编辑功能 ··································· (87)

5.6 曲面造型举例 ··································· (95)

第 6 章 产品装配功能 ······························ (100)

6.1 装配放置 ······································· (100)

6.2 装配编辑功能 ··································· (105)

6.3 装配举例 ······································· (106)

6.4 机构连接 ······································· (110)

6.5 挠性元件的装配 ······························· (112)

6.6 装配分解功能 ··································· (115)

第 7 章 二维工程图设计 ···························· (120)

7.1 创建工程图文件 ······························· (120)

7.2 生成视图 ······································· (121)

7.3 显示尺寸和形位公差 ··························· (130)

7.4 生成装配工程图 ······························· (131)

7.5 制作表格 ······································· (133)

第 8 章 机构与动画 ································· (139)

8.1 机构模块概述 ··································· (139)

8.2 连杆机构 ······································· (142)

8.3 齿轮机构 ······································· (145)

8.4 凸轮机构 ······································· (153)

8.5 动画制作 ······································· (156)

第 9 章 模具设计入门 ······························ (164)

9.1 模具设计的概述 ······························· (164)

9.2 模具设计流程 ··································· (165)

第 10 章 Creo/NC 模块 ······························ (175)

10.1 Creo/NC 模块简介 ····························· (175)

10.2 加工实例 ······································ (177)

参考文献 ··· (185)

第1章 Creo简介与基本操作

1.1 Creo简介

1. PTC公司简介

1985年，PTC公司（美国参数技术公司）成立于美国波士顿，开始了参数化建模软件的研究。1988年，Pro/Engineer V1.0诞生了。经过几十年的发展，Pro/Engineer已经成为三维建模软件的领头羊。目前已经发展到了Pro/Engineer Wildfire5.0。PTC的系列软件包括了在工业设计和机械设计等方面的多项功能，还包括对大型装配体的管理、功能仿真、产品数据管理等。Pro/Engineer还提供了目前所能达到的最全面、集成最紧密的产品开发环境。Creo是美国PTC公司于2010年10月推出的CAD设计软件包，是整合了PTC公司的Pro/Engineer的参数化技术、CoCreate的直接建模技术和ProductView的三维可视化技术的新型CAD设计软件包。Creo构建于Pro/Engineer野火版的成熟技术之上，新增了许多功能，使其技术水准又上了一个新的台阶。

2. Creo主要特性

1）全相关性

Creo的所有模块都是全相关的。这就意味着在产品开发过程中某一处进行的修改，能够扩展到整个设计中，同时自动更新所有的工程文档，包括装配体、设计图样，以及制造数据。全相关性鼓励在开发周期的任一点进行修改，且没有任何损失，使并行工程成为可能，所以能够使开发后期的一些功能提前发挥作用。

2）基于特征的参数化造型

Creo使用用户熟悉的特征作为产品几何模型的构造要素。这些特征是一些普通的机械对象，并且可以预先设置，方便地进行修改。例如：设计特征圆弧、圆角、倒角等，它们对工程人员来说是很熟悉的，因而易于使用。

3）面向多领域的特征

给面向多领域的特征设置参数（不但包括几何尺寸，还包括非几何属性），然后通过修改参数很容易进行多次设计迭代，实现产品开发。

4）数据管理

为了加速投放市场，需要在较短的时间内开发更多的产品。为了实现这种效率，必须允许多个学科的工程师同时对同一产品进行开发。数据管理模块的开发研制,正是专门用于管理并行工程中同时进行的各项工作。由于使用了 Pro/Engineer 独特的全相关性功能,这种数据管理成为可能。

5)装配管理

Creo 的基本结构支持利用一些直观的命令,例如"啮合""插入""对齐"等很容易就把零件装配起来,同时保持设计意图。高级功能支持大型复杂装配体的构造和管理,这些装配体中零件的数量不受限制。

6)易于使用

菜单以直观的方式联级出现,提供了逻辑选项和预先选取的最普通选项,同时还提供了简短的菜单描述和完整的在线帮助。这种形式使得学习和使用更加容易。

3. Creo 的主要模块介绍

Creo 有多个模块且功能强大,从设计、分析到制造,具有一套完备的产品开发模块。虽然每个模块相对独立,但用户可以根据设计需要调用相关模块进行设计。下面介绍在设计中应用较多的几种模块。

1)草绘模块

二维草绘是三维模型的基础,草绘模块为二维草图的绘制提供了一个平台。在三维设计过程中,如果需要进行二维草图绘制,系统可以切换至草绘模块,用户还可以直接调用在草绘模块中绘制并保存的文件。

2)零件模块

零件模块用于创建三维模型,是一种常用的模块,零件的设计基本在这个模块上完成。Creo 的建模过程一般是先创建基础特征,然后在基础特征上创建工程特征。特征可以独立存在,也可以形成一定的参考关系,如根据特征创建的先后和放置的位置,特征与特征之间可以形成父子关系。

3)装配模块

当零件模型完成构建后,可以通过装配模块把零件按照生产流程组装在一起。按照装配要求用户可以临时修改零件的尺寸参数,也可以使用爆炸图的方式来显示零件相互之间的位置关系。

4)制造模块

制造模块中包含了许多子模块,其中常用的有 NC 加工模块、钣金件设计模块、铸造型腔模块、模具型腔模块等。

5)工程图模块

在完成零件的三维建模后,使用工程图模块可以快速方便地创建工程图。工程图由一组二维视图组成,在选择二维视图表达零件时,不仅要将零件表达清楚,而且要控制视图数量为最少。在实际应用中,工程图通常用来指导第一线的生产过程。

1.2 Creo Parametric 的安装

Creo Parametric 的安装方法比较简单,只要按照提示一步步地操作,就可以完成安装了。下面介绍 Creo Parametric 简体中文版的安装过程。

(1) 将 Creo Parametric 安装盘放入光驱,系统会自动运行并进入安装助手界面,如图 1-1 所示。

图 1-1 安装助手界面

(2) 更改许可证文件。注意更改 D 盘许可证文件"PTC_D_SSQ. dat"中的"00-00-00-00-00-00"为本机物理地址"E8-9E-B4-15-EE-4B"并保存,如图 1-2(a)所示。

(3) 单击"下一步"按钮,对话框自动切换到"接受许可证协议"界面,勾选对话框中的"接受许可证协议条款和条件"项,如图 1-2(b)所示。

(a) 许可证文件

(b) "接受许可证协议条款和条件"项

图 1-2 安装许可界面

（4）单击"下一步"按钮，进入许可证文件的查找界面，找到刚刚修改的许可证文件，如 D：\Creo4.0\PTC_D_SSQ.dat，在许可证汇总里，点击"＋"查找并添加许可证文件，如图 1-3 所示。

图 1-3　许可证文件查找界面

（5）单击"下一步"按钮，对话框自动切换到"应用程序选项"界面，如图 1-4(a)所示，单击选择"Creo"项，在对话框中可以设置应用程序的安装路径以及在列表中选择要安装的程序，如将软件安装路径改为 D：\Creo 4.0。单击"安装"，切换至"应用程序安装"界面，如图 1-4(b)所示，等待一段时间即完成安装，安装完毕后退出软件的安装即可。

(a)　"应用程序选项"界面

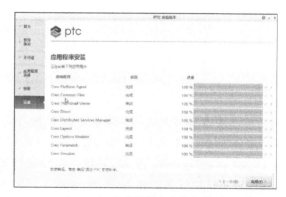

(b)　"应用程序安装"界面

图 1-4　安装界面

1.3　Creo 的界面及其特点

与 Pro/Engineer Wildfire 相比，Creo Parametric 的工作界面发生了很大的变化。

1. 启动 Creo Parametric 程序

双击桌面上的 Creo Parametric 图标，启动 Creo 程序，打开 Creo Parametric 基本环境界面，如图 1-5 所示。

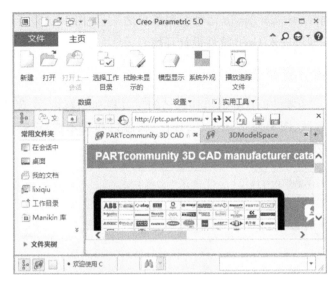

图 1-5　Creo Parametric 基本环境界面

基本环境界面下的"主页"选项卡中,可以新建 Creo 的各种设计模式下的文件,可以打开已保存的文件或其他格式的文件,可以设置工作目录,也可以设置模型显示、系统的颜色等;还包含一些实用工具。通过图形区中的 Internet 浏览器,还可以查找 PTC 公司旗下产品的主页。为了更快地打开文件,可以通过文件夹树的"文件浏览器"来打开文件。

在"主页"选项卡中单击"新建"按钮 ▢ ,弹出"新建"对话框。此对话框包含了 Creo 的所有模块类型和子类型。"新建"对话框主要包括布局、草绘、零件、装配、制造、绘图、格式、记事本等,还包括子类型,如图 1-6(a)所示。

(a)"新建"对话框

(b) 公制模板选择(单位设为"mm")

图 1-6　新建文件

其中机械零件、钣金件与产品设计主要是在 ▢ 零件 模块中进行的。对话框下方的 ☑ 使用默认模板 复选框,主要提供的是英制模板,一般取消选择该复选框,进入下一页选择

mmns_harn_part 与 mmns_part_solid 两种公制模板之一,如图 1-6(b)所示。选择零件模板后单击"确定"按钮,即可进入 Creo 零件设计环境。

扫码可看
视频演示

2. Creo 零件设计界面介绍

Creo Parametric 的零件设计界面由快速访问工具栏和标题栏、主菜单选项卡、常用工具栏、导航区、图形窗口、图形工具栏、状态栏和提示栏、选择过滤器等组成,如图 1-7 所示。

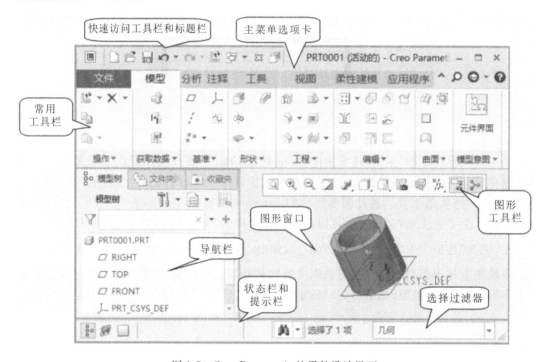

图 1-7　Creo Parametric 的零件设计界面

1)快速访问工具栏和标题栏

快速访问工具栏主要是让用户快速执行常用的命令而设置的工具栏,可以将功能区中常用的命令添加到快速访问工具栏中。在常用的命令图标上单击右键可以将此命令添加到快速访问工具栏,如图 1-8 所示。标题栏用于显示当前零件的名称。

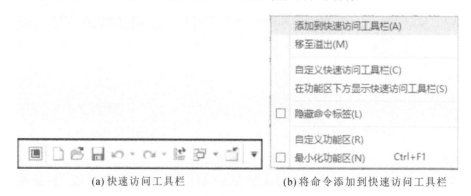

(a)快速访问工具栏　　　　(b)将命令添加到快速访问工具栏

图 1-8　将命令添加到快速访问工具栏

2）主菜单选项卡

主菜单选项卡包含了软件的主要功能，系统将所有的命令和设置都予以分类，点击某一主菜单选项卡，常用工具栏中就会切换显示与该菜单命令相关的各项常用工具。对于不同的功能模块，主菜单选项卡会有相应的改变。

3）常用工具栏

常用工具栏中以简单直观的图标和文字来表达 Creo Parametric 软件中相对应的功能。软件会根据实际需要将常用工具组合为不同的工具栏，进入不同的模块就会显示相应的工具栏。图 1-7 中当前显示的是与主菜单中的"模型"有关的各种常用工具。

4）导航栏

通过导航栏可以在设计过程中进行导航、访问，以及处理设计工程和数据，包括模型树、文件夹浏览器、收藏夹和连接等选项卡，每个选项卡包含一个特定的导航工具。单击导航栏右侧向左的箭头可以隐藏或缩小导航栏，它们之间的切换可以通过单击上方的选项卡标签实现。也可以通过单击界面左下角的 ⊞ 按钮来控制导航栏的显示与关闭。

5）图形窗口

图形窗口即绘图区，位于界面中部的右侧，是 Creo 生成或操作设计模型的显示区域。当前活动的模型显示在该区域，并可使用鼠标选取对象，对对象进行相关操作。

6）图形工具栏

图形窗口中的图形工具栏为用户提供了模型外观编辑和视图操作工具。在图形工具栏中单击鼠标右键可以弹出图 1-9 所示的快捷菜单。通过此菜单，可以控制前导视图工具栏中的工具的显示与否，以及前导视图工具栏的位置和尺寸。

图 1-9　图形工具栏的右键菜单

7）选择过滤器

选择过滤器在可用时,状态栏会显示以下信息:

（1）在当前模型中选取的项目数;

（2）可用的选择过滤器;

（3）模型再生状态。

8）状态栏和提示栏

状态栏和提示栏用于显示与窗口中工作相关的单行信息,使用其中的标准滚动条可以查看历史消息记录。

3. 配置编辑器

1）配置编辑器的打开方法

Creo 为用户提供了配置文件的功能,这是用户和软件系统进行交互的一个重要方式。通过配置系统文件,用户可以使 Creo 变得更加适合自己的需要,在工作中得心应手。打开 Creo 的配置编辑器的方法:打开"文件"菜单,单击 选项按钮,然后在最下方找到"配置编辑器"并打开,如图 1-10 所示。要编辑某个配置,直接在 值 列表中单击相应的值,然后在打开的下拉列表框中选择相应的选项即可。如果配置的选项太多而难以找寻,则可以通过单击"添加"按钮或"查找"按钮辅助查找。编辑好配置后,还需要将配置导入 config. pro 配置文件中。单击 导入/导出 按钮,选择"导入配置文件"命令,在弹出的"文件打开"对话框中选择 config. pro 文件即可,如图 1-11 所示。

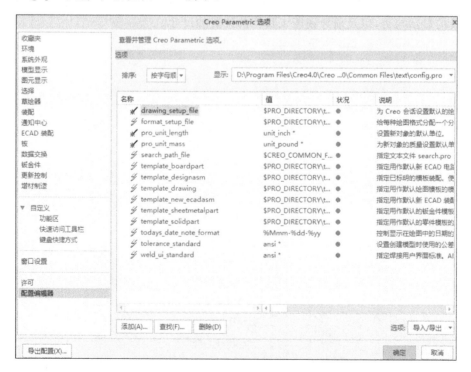

图 1-10　配置编辑器

图 1-11　导入 config. pro 配置文件

2）修改 config. pro 配置文件的默认单位

由于新安装的 Creo 默认的模板单位都是英寸，因此需要配置才能把默认单位改为毫米。操作方法如下：

（1）右键单击计算机桌面上的 Creo Parametric 图标 ，在弹出的快捷菜单中选择 属性(R) 命令，弹出 Creo Parametric 属性对话框，如图 1-12 所示；

（2）复制对话框中的"起始位置（S）"文本框中的"C:\Users\Public\Documents"路径（此路径是 config. pro 文件的所在路径）；

（3）单击 打开文件所在的位置(F) 按钮，将复制的路径粘贴到打开的文件窗口中并打开，如图 1-13 所示；

（4）将 config. pro 文件用记事本打开，然后在记事本文件中添加以下内容：

template_designasm $ PRO_DIRECTORY\templates\mmns_asm_design. asm（配置组件的默认模板）

template_sheetmetalpart $ PRO_DIRECTORY\templates\mmns_part_sheetmetal. prt（配置钣金零件的默认模板）

template_solidpart $ PRO_DIRECTORY\templates\mmns_part_solid. prt（配置实体零件的默认模板）

template_drawing $ PRO_DIRECTORY\templates\a3_drawing. drw（配置工程图的默认模板）；

图 1-12　Creo Parametric 属性对话框　　　　图 1-13　打开 config.pro 文件的所在路径

（5）保存 config.pro 文件，新建的文件的默认单位就是毫米了。

注意：无论通过何种方法来配置选项，都必须重新启动 Creo，否则所配置的选项无法生效。

4. 定向模式

首先介绍一下鼠标三键的约定（Creo 不支持二键鼠标，鼠标滚轮就是中键，除可滚动外，还可按下）：

左键用于选取（同时按 Ctrl 键有连选作用）、确定位置等；单击右键可弹出相关菜单；鼠标中键用于完成一次操作，拨动鼠标滚轮可对视图进行缩放。

缺省情况下，旋转中心的三根轴（见图 1-7）有三种不同颜色：X 轴是红色，Y 轴是绿色，Z 轴是青色，而坐标系的三根轴都是黄色。

以下为常用的视图操作组合键：

按住鼠标中键＋移动鼠标　　　　　　　　立体绕当前旋转中心旋转

按住鼠标中键＋Shift 键＋移动鼠标　　　　平移

按住鼠标中键＋Ctrl 键＋垂直移动鼠标　　缩放

按住鼠标中键＋Ctrl 键＋水平移动鼠标　　立体绕垂直于屏幕的轴线旋转

拨动鼠标滚轮＋Shift 键　　　　　　　　　慢速缩放

5. 管理 Creo 内存和目录

Creo 是一种以内存为基础的系统，这意味着创建和编辑的文件在处理时是存储在系统内存（RAM）中的。清楚这一点非常重要，因为文件被保存之前，有可能会因为供电问题或系统故障导致数据丢失。

1）工作目录

工作目录是指当前进行文件创建、保存、自动打开、删除等操作的目录。Creo 的默认工作目录是系统的"My Documents"目录，为了便于文件的管理，可以在进行设计项目前设置好相应的工作目录。

2）进程内存

如果可能，系统会先打开驻留在内存中的模型（当前为显示出来），然后才打开文件夹结构中的其他副本。

3）我的文档

这是一个缺省的位置,在使用"文件"(File)→"打开"(Open)对话框打开新模型或保存模型时,可使用这一位置。设置了工作目录后,它就变成了一个可选位置。

4）拭除内存

模型会一直存储在系统内存中,直到用户将其拭除或退出 Creo Parametric 为止。如果处理的文件具有相同的名称但处于各个不同的阶段,就必须特别加以注意。拭除模型并不会将模型从硬盘或网络存储区中删除,只是将它们从系统内存中移除。

5）删除模型

删除模型是永久性地删除文件,会将文件从硬盘或网络存储区的工作目录中移除。删除文件时要当心,因为无法恢复已删除的文件。

6）文件扩展名

零件、组件和绘图文件分别使用 ∗.prt、∗.asm 和 ∗.drw 作为扩展名。每次保存模型时,系统都会创建该模型的新迭代"点编号"版本,例如 1、2、3 等。

习　题

1-1　导航器可以用来完成哪些工作?

(a) 指定喜爱的网站地址。

(b) 创建和删除文件夹。

(c) 设立工作目录。

(d) 以上全选。

1-2　当关闭某个窗口时,系统是否会提示保存当前的模型?

(a) 是。

(b) 否。

1-3　"删除"(Delete)和"拭除"(Erase)之间有什么区别?

(a) "删除"(Delete)是将文件从内存中移除;"拭除"(Erase)还会将文件从硬盘中移除。

(b) "删除"(Delete)是从硬盘中移除除了文件最近版本以外的所有版本;"拭除"(Erase)则移除了所有版本。

(c) "删除"(Delete)是将文件从硬盘和内存中移除;"拭除"(Erase)是将文件仅从内存中移除。

1-4　"拭除"(Erase)→"当前"(Current)命令可将文件从硬盘中删除。此说法是正确还是错误?

(a) 正确。

(b) 错误。

第 2 章　二维草绘功能

二维草绘主要是指绘制特征的草绘截面、扫描特征时的轨迹线、基准曲线等。二维草绘是创建特征的基础,任何一个实体特征或曲面特征都离不开草绘。

二维草绘模块是用于绘制和编辑二维轮廓的操作平台。用 Creo 创建模型时,捕捉设计意图至关重要。我们可以通过创建二维草绘特征来捕捉设计意图,也可以通过创建、约束及标注草绘来捕捉设计意图。创建了二维草绘之后,就可以开始创建基于草绘的特征,如拉伸特征、旋转特征等。

2.1　二维草绘环境的设置

二维草绘环境的设置就是用户根据需求设置草绘用户界面的参数,使之更好地满足用户的个性和工程设计需求。在菜单栏中依次选择"草绘"→"选项"命令,弹出"Creo Parametric 选项"对话框,通过设置该对话框中的选项,可以改变草绘环境和简化草图,并能有效地提高视觉效果。

1.草绘环境中的颜色设置

单击"草绘"下拉菜单栏找到"选项"命令 选项,弹出"Creo Parametric 选项"对话框。然后选择对话框中的"系统外观"选项,在设置区域中"全局颜色"下的"草绘器"设置列表中,可根据自己的喜好设置草绘环境中的各种元素的颜色,如图 2-1 所示。

2.草绘器中对象显示、栅格、样式和约束等的设置

在"Creo Parametric 选项"对话框左边选择"草绘器"选项,单击进入"草绘器"设置界面,进行"对象显示设置""草绘器约束假设""精度和敏感度""拖动截面时的尺寸行为""草绘栅格""草绘器启动""线条粗细""图元线型和颜色""草绘器参考"和"草绘器诊断"等设置,如图 2-2 所示。

在右边的设置区域中根据需要启动相关复选框。在绘制过程中,有些选项可能会妨碍绘图,在此选项卡中取消启动某些复选框,可在显示上简化草图。

建立约束关系有助于在图元之间建立联系和更好地定位图元。最后单击"确定"按钮,完成设置。

图 2-1　颜色设置界面

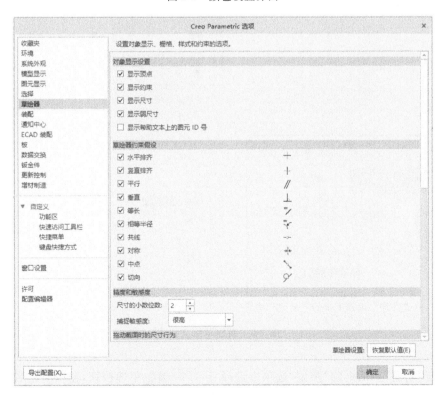

图 2-2　草绘器设置界面

2.2 二维草绘的基本功能

基本几何图元包括直线、矩形、圆、圆弧、文本和样条曲线等,它们是二维截面草图最基本的组成部分。通过学习基本图元的绘制方法和技巧,并加以灵活运用,就能绘制出各种复杂的二维几何图形。熟练掌握这些基本几何图元的绘制方法可以极大地提高绘图效率。

1. 进入二维草绘模式的步骤

在 Creo 中,可以通过三种途径进入草绘环境。

(1)第一种是建立新的草绘文件,直接进入单一的草绘环境中。用这种方式绘制的草绘截面文件可以单独保存,并且在创建特征时可以重复利用。

(2)第二种是从零件设计环境中创建草绘曲线时进入草绘环境。

(3)第三种是在创建基础实体特征的过程中,通过绘制所需的截面进入草绘环境。

1）通过创建草绘文件进入草绘环境

通过新建一个草绘文件,激活草绘器并进入草图绘制环境,步骤如下:

(1)在菜单栏中选择"文件"→"新建"命令,或单击快速访问工具栏中的"新建"按钮 ,弹出"新建"对话框,如图 2-3 所示。

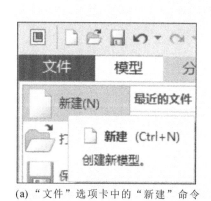

(a)"文件"选项卡中的"新建"命令

(b)"新建"对话框

图 2-3　新建草绘文件

(2)在"新建"对话框的"类型"选项中选择 ◉ 草绘 单选按钮,输入草绘名称后单击 确定 按钮,即可进入草绘环境。

2）在零件设计环境中创建草绘曲线

在零件设计环境中,单击"模型"选项卡中的"基准"中的"草绘"图标 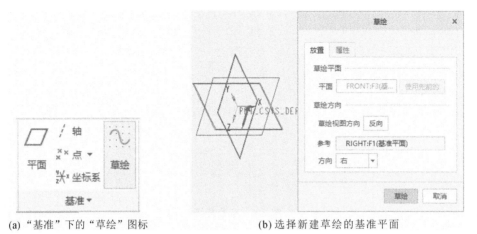 ,如图 2-4(a)所示,弹出"草绘"对话框。在绘图区或模型树中,单击选取一个基准平面作为草绘平面,再单击"草绘"对话框中的"草绘"按钮,也可激活草绘器,创建草绘曲线,如图 2-4(b)所示。

(a)"基准"下的"草绘"图标　　　　　(b)选择新建草绘的基准平面

图 2-4　激活草绘器

3）通过创建某个特征而激活草绘器

在零件设计环境中,插入某个特征,可以打开操控面板。例如,创建"拉伸"特征,在"拉伸"操控面板中激活草绘器,定义"内部草绘",如图 2-5 所示。或者直接选取一个基准平面作为草绘平面,同样可以进入草绘环境中。

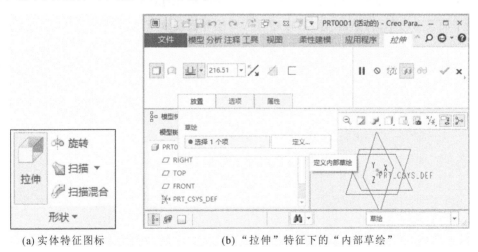

(a)实体特征图标　　　　　　(b)"拉伸"特征下的"内部草绘"

图 2-5　通过创建某个特征而激活草绘器

2. 草绘工具界面认识

Creo 系统的草绘环境如图 2-6 所示。草绘环境中的绘图命令从左到右根据绘制的先后顺序排列,用户操作起来十分便捷。

草绘器的基本功能模块有设置、获取数据、操作、基准、草绘、编辑、约束、尺寸、检查、关闭等相关的工具栏。完成草绘截面后,单击"关闭"工具栏中的 ✔ 图标,退出草绘模式。

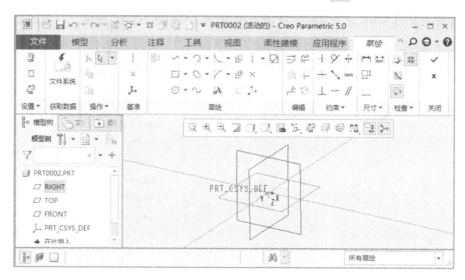

图 2-6 草绘环境

1)"设置"工具栏

"设置"工具栏包括"草图设置""参考""草绘视图""截面方向""显示"等功能,如图 2-7 (a)所示。

"设置"工具栏可对草绘的视图进行各种设置,通过工具栏中的相关按钮,实现更为快捷的操作。

草绘设置:选择草绘平面及方向,单击此图标后弹出的对话框如图 2-7(b)所示,重新选择草绘平面及参考平面,单击"草绘"按钮进入草绘界面继续草绘。

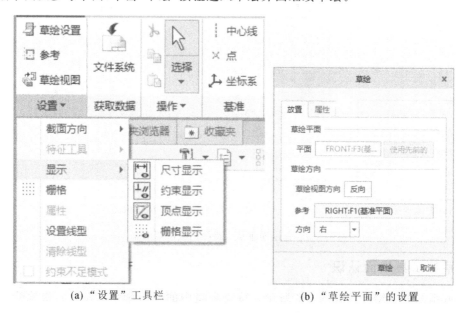

(a)"设置"工具栏   (b)"草绘平面"的设置

图 2-7 草绘器的"设置"工具栏

参考:指定尺寸参考并约束草绘,单击该图标后,选择绘图窗口中的图元,该图元会在当前绘图区域作为参考线或参考点。此功能经常用到。

　　【草绘视图】：定向到当前的草绘平面,单击此图标后使草绘平面与屏幕平行。

　　【尺寸显示】：此图标是切换尺寸显示的开关,用于显示或隐藏尺寸。

　　【约束显示】：此图标是切换约束显示的开关,用于显示或隐藏约束。

　　【栅格显示】：此图标是切换栅格显示的开关,用于显示或隐藏栅格。

　　【顶点显示】：此图标是切换剖面顶点显示的开关,用于显示或隐藏剖面顶点。

2)"检查"工具栏

草绘功能的"检查"工具栏在主工具栏的最右侧,它的主要作用是检查草绘截面的完整性等,如图 2-8 所示,相关图标的定义如下。

　　【特征要求】：分析草绘是否适用于其所定义的特征。

　　【重叠几何】：突出加亮截面中重叠几何图元的显示。

　　【突出显示开放端】：突出显示仅属于一个图元的草绘图元顶点,即加亮开放点。

　　【着色封闭环】：将由封闭链限制且不与其他图元重叠的草绘图元区域着色。

3)"草绘"工具栏

"草绘"工具栏是用来绘制图形的最常用的工具栏,如图 2-9 所示。

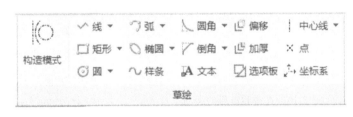

图 2-8　"检查"工具栏　　　　　　　图 2-9　"草绘"工具栏

　　【构造模式】：将创建新图元的模式由基准模式改为构造模式,或由构造模式改为基准模式。当用鼠标按下该图标后,绘制的所有线均为构造线。其他常用的草绘工具图标及说明如表 2-1 所示。

表 2-1　常用的草绘工具图标及说明

工　具	说　明	工　具	说　明
⌣	创建两点线的链	▢	绘制矩形
◎	绘制圆	◯	绘制椭圆
⌐	三点绘制圆弧	～	绘制样条曲线
⌞	绘制圆角	⌐	绘制倒角

续表

工　具	说　　明	工　具	说　　明
A	创建文本		通过偏移一条边或草绘图元来创建图元
	加厚,通过在两侧偏移边或草绘图元来创建图元		通过将曲线或边投影到草绘平面上来创建图元
	创建一条构造中心线	×	创建一个构造点
	创建一个构造坐标系		从调色板向活动对象导入图形
◎	创建同心圆		创建一条与两个图元相切的构造中心线

3. 绘制基本几何图形

在 Creo 系统中进入草绘环境,可以看到草绘器工具栏,通过它可以绘制各种图元,也可以通过在菜单栏中选取"草绘"中相应的选项进行各种图元的绘制。

1)创建直线和矩形

在草绘模式下,单击图标 线 可以进行直线的绘制,系统提供了两种关于直线的绘制工具,单击 线 旁边的 ▾ 按钮就可以进行选择,如图 2-10(a)所示,"线链" 用于连续绘制两点间的直线,"直线相切" 可以绘制两圆弧的相切直线。

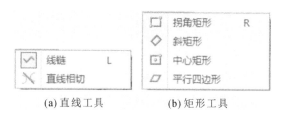

(a)直线工具　　　　(b)矩形工具

图 2-10　直线和矩形的绘制工具

在草绘模式下,单击图标 矩形 可以进行矩形的绘制,系统提供了四种关于矩形的绘制工具,单击 矩形 旁边的 ▾ 按钮就可以进行选择,如图 2-10(b)所示。

2)创建圆和圆弧及椭圆

在草绘模式下,单击图标 圆 可以进行圆的绘制,系统提供了四种关于圆的绘制工具,单击 圆 旁边的 ▾ 按钮就可以进行选择,如图 2-11(a)所示。

在草绘模式下,单击图标 弧 可以进行圆弧的绘制,系统提供了五种关于圆弧的绘制工具,单击 弧 旁边的 ▾ 按钮就可以进行选择,如图 2-11(b)所示。

在草绘模式下,单击图标 椭圆 可以进行椭圆的绘制,系统提供了两种关于椭圆的绘制工具,单击 椭圆 旁边的 ▾ 按钮就可以进行选择,如图 2-11(c)所示。

3)创建圆角和倒角

在草绘模式下,单击图标 圆角 可以进行圆角的绘制,系统提供了四种关于圆角的绘制工具及修建工具,单击 圆角 旁边的 ▾ 按钮就可以进行选择,如图 2-12(a)所示。

(a)圆绘制工具　　(b)圆弧绘制工具　　(c)椭圆绘制工具

图 2-11　圆、圆弧及椭圆的绘制工具

在草绘模式下,单击图标 倒角 可以进行倒角的绘制,系统提供了两种关于倒角的绘制工具及修建工具,单击 倒角 旁边的 按钮就可以进行选择,如图 2-12(b)所示。

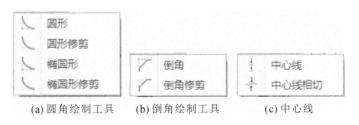

(a)圆角绘制工具　(b)倒角绘制工具　　(c)中心线

图 2-12　圆角、倒角和中心线的绘制工具

4)中心线、点与坐标系

中心线功能是绘制两点中心线,单击图标 中心线 可以绘制中心线,其中可以构造两种不同的中心线,单击图标 中心线 右边的 按钮可以进行选择,如图 2-12(c)所示,第一种为构造两点中心线,第二种为创建一条与两个图元相切的构造中心线。

5)样条曲线

样条曲线是平滑通过任意多个中间点的曲线。在草绘模式下,单击图标 样条 可以进行样条曲线的绘制。

6)点

点功能作为一种辅助参考图元,可以直接在任意位置上绘制点。在草绘模式下,单击图标 点 可以进行点的绘制。

7)坐标系

坐标系功能可以在设计过程中用于草绘图元的相对参考设计,创建方法与点功能基本一致。在草绘模式下,单击图标 坐标系 可以进行坐标系的绘制。

8)文本

在模型设计过程中,当产品模型需要设置三维文字时,就需要应用到二维草绘功能中的文本功能,创建文本作为草绘图形的一部分。在草绘模式下,单击图标 文本,然后鼠标左键在屏幕上单击第一点可以确定文本行的起始点,再单击第二点可以确定文本的高度及方向。

9）选项板

草绘器提供了一个预定义形状的定制库,可以将常用的图形很方便地输入活动草图中。这些形状位于选项板中。在活动草图中使用形状时,可以对其执行调整大小、平移和旋转操作。草绘器选项板对话框中具有表示截面类别的标签,如图 2-13(a)所示。

【多边形】包括常规的正多边形。

【轮廓】包括常见的轮廓。

【形状】包括其他常见形状。

【星形】包括常见的星形形状。

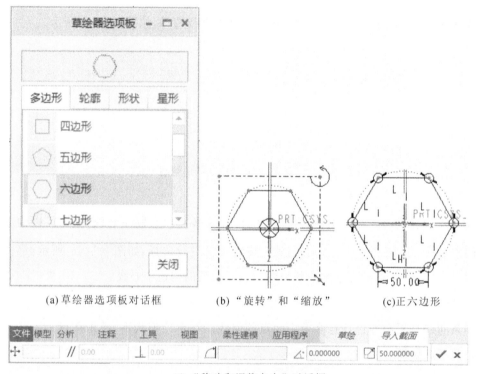

(a)草绘器选项板对话框   (b)"旋转"和"缩放"   (c)正六边形

(d)"移动和调整大小"对话框

图 2-13 "草绘器调色板"对话框

从草绘器选项板输入图形的操作步骤如下。

(1)在草绘器模式中,单击草绘器工具栏中的选项板图标![icon],弹出"草绘器选项板"对话框。

(2)在"草绘器选项板"对话框中选取所需的标签,显示与选定的标签中的形状相对应的缩略图和名称。

(3)用鼠标左键单击与所需形状相对应的缩略图或名称,与选定形状相对应的截面将显示在预览窗口中。

(4)再次双击同一缩略图或名称,并用鼠标左键确定输入活动截面中。

(5)鼠标显示处将出现一个加号(+),表明需要选定一个位置来放置选定的形状,在图形窗口中的指定位置单击鼠标左键,界面中将可以看见我们选定的图形。如图 2-13(a)所示,我们选定了正六边形。

（6）弹出"移动和调整大小"对话框，如图 2-13（d）所示，通过指定"旋转"角度和"缩放"比例来确定图形的尺寸。也可以用鼠标左键选择图 2-13（b）所示的"缩放"箭头或"旋转"箭头进行实时调节。

（7）单击鼠标中键接受输入形状的位置、方向和尺寸。或单击"移动和调整大小"对话框中的 ✔ 按钮完成正六边形的绘制。输入的尺寸和约束将创建为强尺寸约束，如图 2-13（c）所示。

2.3　二维编辑功能

编辑几何图元就是对几何图元进行复制、镜像、旋转等操作，或通过对图元进行尺寸约束或几何约束来捕捉设计意图，控制图形的几何形状。"编辑"工具栏如图 2-14（a）所示。在用"编辑"功能之前首先要选择需要编辑的图元，在"操作"工具栏中可以找到"选择"按钮，如图 2-14（b）所示。在选择图元时，如果需要选择多个图元，按下选择按钮 ⬚ 后，同时要按住键盘上的 Ctrl 键；或者按下选择按钮 ⬚ 后用鼠标在图形外侧进行框选。点开按钮下的箭头 ▾ 可以显示不同的选择方式，如图 2-14（c）所示。

（1）第一种按钮 ⬚ 为默认选择，若按下此选择按钮可以依次选择图元。

（2）第二种按钮 ⊢ 为选择图元链。

（3）第三种为选择 所有几何 。

（4）第四种按钮 ⬚ 表示选择所有几何图元。

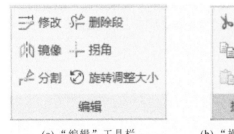　　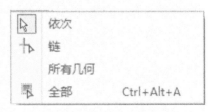

(a) "编辑"工具栏　　　　(b) "操作"工具栏　　　　(c) "选择"的种类

图 2-14　编辑功能

1. 复制

复制功能是指创建与所选的图元几何形状完全一样的新图元。具体方法为：单击"操作"工具栏中的选择按钮 ⬚ ，选择所需图元，然后单击复制按钮 ⬚ ，再单击粘贴按钮 ⬚ ，即可完成几何图元的复制过程。

（1）剪切按钮 ✂ ：首先在"操作"工具栏中单击选择按钮 ⬚ 选择图元，然后再单击剪切按钮 ✂ ，可以剪掉所选图元。

（2）复制按钮 ⬚ 和粘贴按钮 ⬚ ：单击选择按钮 ⬚ 选择图元，然后单击复制按钮 ⬚ ，再单击粘贴按钮 ⬚ 。

（3）用鼠标左键选择图元的放置位置，弹出"移动和调整大小"对话框，可以对图形进行坐标位置的定位和旋转，也可以拖动图中的旋转箭头和放大缩小箭头。

（4）单击确定按钮 ✔ 完成图元的复制，如图 2-15 所示。

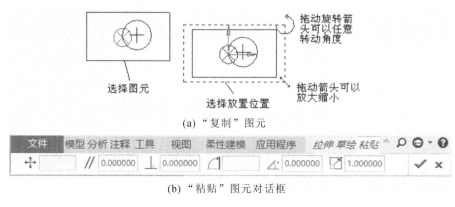

(a) "复制"图元

(b) "粘贴"图元对话框

图 2-15　复制粘贴图元过程

2. 镜像

镜像功能是指用来创建一个与已知图元关于指定中心线对称的图元。具体操作如下。

（1）选中需要镜像的图元，可以看到镜像图标 由灰色不可用状态转变成可以使用的亮色显示图标 。

（2）在"编辑"工具栏中单击镜像图标 。

（3）选择中心线作为参照，则生成镜像图元。

注意：在二维草图模块中，镜像几何图元时必须选择中心线作为镜像参照才能进行镜像操作；如果没有中心线，可以先绘制中心线后，再进行镜像操作，如图 2-16 所示。

图 2-16　镜像图元过程

3. 平移、旋转和缩放

缩放和旋转功能是指对图元进行放大、缩小和旋转等操作。

选择图元后，在"编辑"工具栏中单击按钮 就可以对图元进行平移、缩放和旋转了。在缩放和旋转操作过程中，用光标拖动相应的位置，可以对图元进行平移、旋转和缩放。操作步骤和复制图元很类似，只是平移、旋转和缩放功能中原来的图元会取消。这时会弹出如图 2-17 所示对话框，可以在该对话框中进行相关参数的修改。

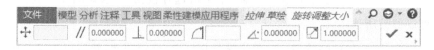

图 2-17　"旋转调整大小"对话框

4. 修剪

修剪功能是指在绘图区中对草绘的几何图元进行修剪、延伸、求交或打断等操作,包括动态修剪、裁剪/延伸和分割三项功能。

1）动态修剪

动态修剪功能是指将绘制好的几何图元的一段删除,这里的一段是指几何图元的两个端点或者端点和其他几何图元交点之间的部分。操作方法有单选和多选两种。

(1) 在"编辑"工具栏中单击 删除段 按钮,选择要删除的图元,就可以删除不需要的图元的一段。

(2) 在删除多个图元的时候,用户可以通过按住鼠标左键,然后移动光标选择要删除的图元。光标移动的轨迹和被选择的图元都以红色显示,当放开鼠标左键的时候,被选择的图元都会被删除,如图 2-18 所示。

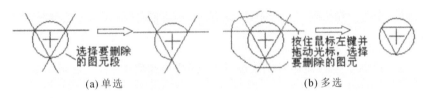

图 2-18　动态修剪

2）裁剪/延伸

裁剪/延伸功能是指根据两条直线是否相交的情况,使两条直线延伸相交或修剪两直线相交后多余的线段。在裁剪操作中,选择的线段是裁剪后要保留的线段,如图 2-19 所示。

图 2-19　裁剪/延伸

3）分割图元

分割功能是指将一个图元分割成两个或几个图元,如图 2-20 所示。

图 2-20　分割图元

5. 偏移、加厚、投影

使用偏移、加厚、投影的功能可以通过偏移一条边或草绘图元来创建图元。它是指利用投影原理将实体或曲面边缘转换成当前视图的图元,并且在投影过程中可以设置投影边是否偏移,包括偏移边、加厚及投影边三种类型。

1）偏移边 ⌞凸⌟ 偏移

偏移边功能是指利用投影原理将实体或曲面边缘转换成当前视图的图元，并且在投影过程中设置投影边偏移，需要输入偏移距离，操作过程如图 2-21 所示。

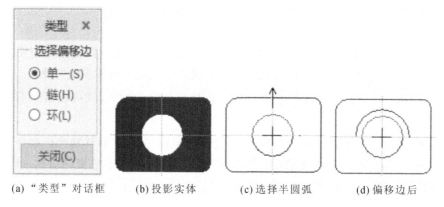

| (a)"类型"对话框 | (b)投影实体 | (c)选择半圆弧 | (d)偏移边后 |

图 2-21　偏移边投影操作

2）加厚 ⌞凸⌟ 加厚

加厚功能是指通过两侧偏移来创建图元，与偏移边操作类似，只是需要输入厚度及偏移距离。

3）投影边 ⌞□⌟ 投影

投影边功能是指利用投影原理将实体或曲面边缘转换成当前视图的图元。因此，投影边功能需要有已经存在的实体或图线，否则无法使用，显示为灰色图标 ⌞□⌟ 投影 。

单击图标 ⌞□⌟ 投影 出现"类型"对话框，如图 2-22 所示，通过该对话框可以设置投影边的类型，有单一、链和环三种。

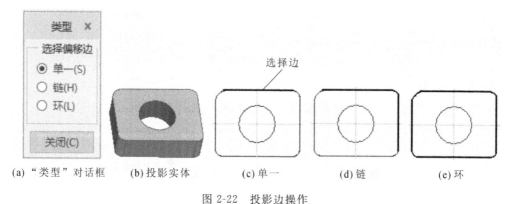

| (a)"类型"对话框 | (b)投影实体 | (c)单一 | (d)链 | (e)环 |

图 2-22　投影边操作

2.4　二维截面的几何约束

几何约束功能用于控制几何图元之间的几何相对位置和形状等关系，如草图对象之间的平行、垂直、共线和对称等几何关系，如图 2-23 所示。几何约束可以替代某些尺寸标注，所以在标注尺寸之前需要进行几何约束。

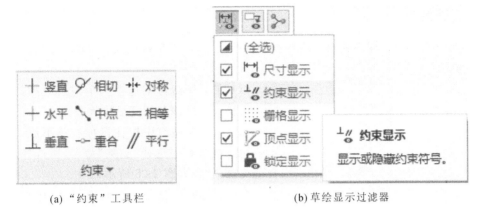

(a) "约束"工具栏　　　　　　　　　(b) 草绘显示过滤器

图 2-23　约束

1. 显示约束

单击草绘显示过滤器图标 ，找到 命令,勾选表示开,不勾选表示关闭,即显示或隐藏约束符号。我们可以根据需要将约束进行关闭或打开。如图 2-24 所示为截面显示约束和关闭约束的状态。

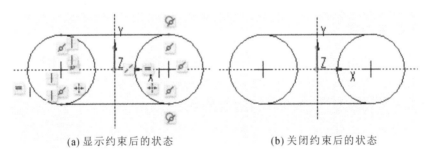

(a) 显示约束后的状态　　　　　　　(b) 关闭约束后的状态

图 2-24　显示和关闭约束

2. 约束种类及创建

Creo 草绘环境提供了多种约束类型,如相切、垂直、平行等,在一个截面中可以同时定义多个约束类型。

创建约束可以帮助我们定义草绘几何之间的约束关系,在"约束"工具栏中单击相应图标按钮可以启用约束。常用的草绘约束类型及其含义说明如表 2-2 所示。

表 2-2　常用的草绘约束类型及其含义说明

工　具	说　　明	工　具	说　　明
竖直	使直线或使各点垂直对齐	重合	创建相同点、图元上的点或共线约束
水平	使直线或使各点水平对齐	对称	使两点或顶点关于中心线对称
垂直	使直线彼此垂直	相等	创建直线等长、弧/圆等半径或相同曲率的约束
相切	使直线与弧和圆相切	平行	使两直线彼此平行
中点	将现有顶点或"草绘点"置于直线中点	解释(X)	对选取的约束符号,显示参照并获取简要说明

3. 删除约束

删除截面约束后,程序会自动增加一个参照尺寸,用于保持截面的可求解状态。删除约束的操作步骤如下:

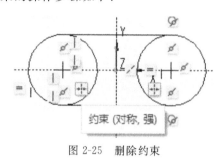

图 2-25　删除约束

（1）在工作窗口中选择一个约束类型,选取后的约束符号呈现深色加亮显示状态;

（2）在工作窗口中按住鼠标右键不放,并在弹出的快捷键菜单中选择"删除"命令,所选择的约束类型将被删除,如图 2-25 所示。

在工作窗口中选取约束类型后,再按键盘上的 Delete 键,也可以删除选定的约束。

4. 将弱约束转换为强约束

弱约束通常呈灰色显示,程序可以移除这些约束,并且不会发出警告。操作步骤如下:

（1）在工作窗口中选择一个弱约束类型（呈灰色显示的约束）,选取后的约束类型呈现红色加亮显示状态;

（2）选择"编辑"→"转换到"→"加强"菜单命令,所选取的约束类型变成强约束。

5. 解决约束冲突

当增加尺寸约束时,若添加后的参照与已有参照（强尺寸或强约束）相冲突或多余时,将会弹出"解决草绘"对话框,如图 2-26 所示。解决约束冲突的方法如下:

（1）单击 撤消(U) 按钮,撤销产生的冲突;

（2）在对话框中的列表框中选择一个相冲突的参照尺寸,再单击 删除(D) 按钮,可以删除加亮显示的约束;

（3）在对话框中的列表框中选择一个相冲突的参照尺寸,再单击 尺寸 > 参照(R) 按钮,冲突的尺寸会变为参照尺寸。

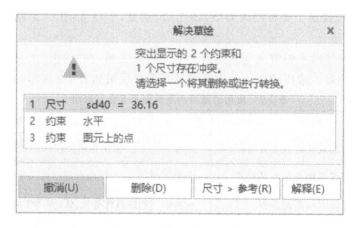

图 2-26　"解决草绘"对话框

2.5　二维截面的尺寸标注

尺寸标注是草图绘制过程中的重要组成部分,设定草绘尺寸时,创建能够捕捉设计意图的尺寸非常重要,因为这些尺寸会在编辑模型时显示出来。尺寸是图元或图元之间关系的测量,它是草绘中的辅助元素,用来定义草图的形状和尺寸。尺寸有弱尺寸和强尺寸两种。

1）弱尺寸

弱尺寸指由系统自动建立的尺寸。用户在增加尺寸时,系统可以删除没有确认的多余弱尺寸,弱尺寸以灰色显示。

2）强尺寸

强尺寸是指草绘器不能自动删除的尺寸,由用户创建的尺寸总是强尺寸。如果几个强尺寸或约束发生冲突,则草绘器会要求移除其中一个,默认情况下强尺寸以黄色显示。

由于系统有时生成的尺寸并不是用户想要的,这时需要用户手动标注尺寸。同时由于刚开始绘制的只是草图,所以更多时候是对系统生成的尺寸进行修改,只有这样所画的图才能更准确。添加尺寸时系统会自动删除不必要的弱尺寸和约束。

图 2-27　"尺寸"工具栏

在"尺寸"工具栏中,有四种供选择图标,分别是创建尺寸、标注周长、创建基线尺寸及创建参考尺寸,如图 2-27 所示。

1. 常见的尺寸标注

1）线性尺寸的标注

标注长度尺寸主要是标注直线长度、两条平行线间的距离、点与直线间的距离以及两点之间的距离。方法如下:单击"尺寸"工具栏中的 图标,弹出"选取"对话框,选取直线可以标注直线的长度,如果选取两个端点则标注两点的距离,如果选取两条直线则标注两条直线间的距离或夹角;然后在尺寸放置位置处单击鼠标中键,完成直线的尺寸标注。

2）圆或弧尺寸的标注

单击"尺寸"工具栏中的 图标,弹出"选取"对话框,用鼠标左键单击草绘截面中的圆或圆弧,然后在尺寸放置位置处单击鼠标中键,则标注圆或圆弧的半径尺寸。

单击"尺寸"工具栏中的 图标,弹出"选取"对话框,选择草绘截面中的圆或圆弧,在轮廓线上依次单击鼠标左键两次,然后在尺寸放置位置处单击鼠标中键,则标注圆或圆弧的直径尺寸。

3）角度的标注

选择两条倾斜的直线可以标注两条直线的夹角。

2. 修改尺寸

修改尺寸功能用来修改尺寸值以使草图符合用户的设计要求。对多个尺寸进行修改时,可以框选尺寸,然后在"编辑"工具栏中单击修改尺寸按钮 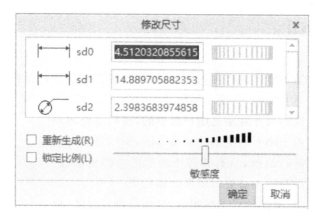修改尺寸;或者选择一个尺寸,在"编辑"工具栏中单击修改尺寸按钮 ,并依次选择其他尺寸添加到"修改尺寸"对话框,然后对尺寸进行修改。对于个别要修改的尺寸,用户可以选择尺寸并双击鼠标左键,在尺寸变为可修改的状态下修改尺寸数值,然后按键盘上的 Enter 键或按下鼠标中键确定修改操作。

注意:在修改尺寸过程中,尺寸再生会使几何图元的基本形状发生变形,所以在修改单一尺寸时,需要勾选"锁定比例"选项,完成尺寸的修改后,再取消勾选。或者取消"重新生成"的勾选,把所有尺寸都修改完成后,再单击"确定"按钮,完成尺寸的修改。如图 2-28 所示为"修改尺寸"对话框。

图 2-28 "修改尺寸"对话框

2.6 二维草绘举例

1. 草图设计原则

为了提高创建零件模型的效率,并为后续建模打好基础,创建草图时应遵循下面的原则。

(1)草图越简单越好。在绘制草图时,应尽量简单,如圆角、倒角等可以在基础特征完成后,再用工程特征修改造型。

(2)在新建草图上,尽可能将原始坐标系的原点、坐标轴和坐标平面的投影作为所绘几何图形的中心、对称线等参考要素。在草图定位时尽量以基本平面 FRONT 面、TOP 面、RIGHT面为基准进行绘制。这样零件容易定位,对复杂的图形进一步的定位造型也更容易。

(3)通常生成实体所用的草图应为闭合的截面轮廓,不闭合的轮廓一般只能生成曲面。截面轮廓不能出现自交叉的情况。

(4)草图中一般只先画出轮廓的大致形状,但应尽量接近实际形状,否则在添加约束时容易使绘制的草图变形。

(5)草图要求全约束。草图绘制完成后要首先进行几何约束,然后再进行尺寸约束,约束一定要完全。添加约束的顺序对草图的结果是有影响的,错误的顺序可能导致无法完成正确的草图,因此设计者要有明确的设计思路。

（6）添加约束时应尽量采用"先定形状，后定大小"的策略，即在标注尺寸前应先固定轮廓的几何形状。尽可能用几何约束来确定几何元素的位置，而不是采用尺寸定位。

（7）可以采用投影工具将不在当前草图上的几何图元投影到当前草图中，并尽可能使投影结果与原图形之间建立某种关联关系。

2. 创建草图的步骤

在每次草绘新特征时，正确运用以下七个步骤，可以节省大量时间。

（1）将模型定向到适当位置。

（2）选择草图放置平面。草图放置平面可以选择坐标面、实体表面或新建工作平面。通常第一个草图放置在基本平面上如 TOP 面、FRONT 面或 RIGHT 面。

（3）选取定向参考。

（4）选取定向方向。

（5）绘制草图的大致轮廓。

（6）约束草绘：添加几何约束，确定草图的形状。

（7）添加尺寸约束，精确确定草图的大小。

3. 二维草绘举例

例 2-1　绘制平面图形，并"拉伸"成高为 10 mm 的实体零件，如图 2-29 所示。

扫码可看
视频演示

　　(a) 草绘平面图形的尺寸　　　　　　　(b) 拉伸后的实体零件

图 2-29　草绘并拉伸生成实体零件

操作步骤

（1）新建"零件"后，单击"基准"工具栏中的 ⬜ 图标，弹出"草绘"工具栏，如图 2-30 所示。

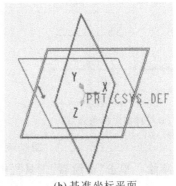

　　　(a) "草绘"工具栏　　　　　　　　　　(b) 基准坐标平面

图 2-30　草绘放置

（2）选择 TOP 面作为草绘平面，这时草绘方向以 RIGHT 面作为参照面的"右"方。

（3）单击 草绘 按钮进入草绘界面。

（4）单击"草绘器"工具栏中的中心线图标 中心线 ，在坐标系上绘制中心线，如图 2-31（a）所示，再绘制两个同心圆，注意此时自动生成的尺寸为弱尺寸，如图 2-31（b）所示。

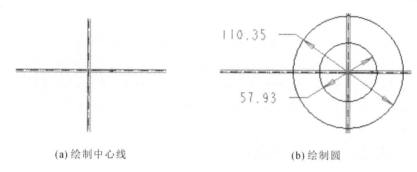

(a) 绘制中心线　　　　　　　　　　(b) 绘制圆

图 2-31　绘制草图

（5）单击"草绘器"工具栏中的图标 ，绘制上下两条直线，如图 2-32（a）所示，再使用"草绘器"工具栏中的修剪图标 ，剪去多余的圆弧得到如图 2-32（b）所示图形。

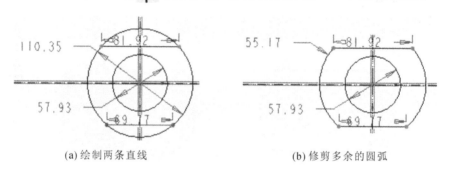

(a) 绘制两条直线　　　　　　　　　　(b) 修剪多余的圆弧

图 2-32　绘制草图（1）

（6）几何约束。单击"草绘器"工具栏中的对称约束图标 ，对直线进行对称约束，结果如图 2-33（a）所示。

（7）尺寸约束。单击"草绘器"工具栏中的尺寸标注图标 ，按需要标注尺寸，然后修改尺寸至要求，如图 2-33（b）所示。

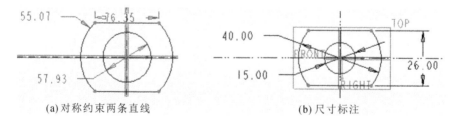

(a) 对称约束两条直线　　　　　　　　　　(b) 尺寸标注

图 2-33　绘制草图（2）

（8）完成草绘。单击"草绘器"工具栏中的完成按钮 ，完成并退出草绘界面。

（9）选择"形状特征"工具栏中的拉伸图标 ，进入拉伸操控面板，输入拉伸距离 10，按下鼠标中键后确定，即可完成实体模型，如图 2-29（b）所示。

例 2-2　绘制平面图形,并"旋转"成实体零件,如图 2-34 所示。

扫码可看
视频演示

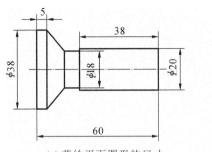

(a) 草绘平面图形的尺寸　　　　(b) "旋转"后的实体零件

图 2-34　草绘并旋转生成实体零件

操作步骤

(1) 新建"零件"后,单击"基准"工具栏中的 图标,弹出"草绘"工具栏,如图 2-35 所示。

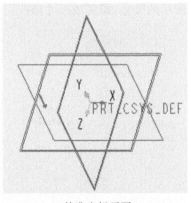

(a) "草绘"工具　　　　　　(b) 基准坐标平面

图 2-35　草绘放置

(2) 选择 TOP 面作为草绘平面,这时草绘方向以 RIGHT 面作为参照面的"右"方。

(3) 单击 草绘 按钮进入草绘界面。

(4) 单击"草绘器"工具栏中的中心线图标 中心线,在坐标系上绘制中心线,如图 2-36(a)所示,再单击绘制实线图标 ,绘制截面形状。注意此时只绘制截面图形的上面一半,而且需要封闭,即在中心线上也加绘一条实线,如图 2-36(b)所示。

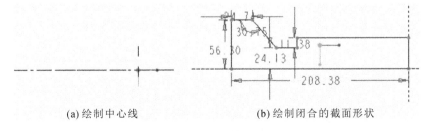

(a)绘制中心线　　　　　　(b)绘制闭合的截面形状

图 2-36　绘制截面形状

(5) 尺寸约束。单击"尺寸"工具栏中的尺寸标注图标 ,标注直径尺寸,用鼠标左键单击所需标注的边,再单击中心线,然后再次用鼠标左键单击所需标注的边,最后按下鼠标中键,即可以标注直径,如图 2-37 所示。

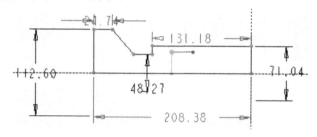

图 2-37　标注直径尺寸

（6）修改尺寸。用鼠标左键框选所有的尺寸,所有尺寸显示为红色,然后单击"草绘器"工具栏中的尺寸修改图标 $\overrightarrow{7}$,弹出"修改尺寸"对话框如图 2-38（a）所示。修改第一个尺寸时,为了避免图形变形,注意勾选"锁定比例"复选框 ☑ **锁定比例(L)**,修改其中的一个尺寸为需要的尺寸（如 38）,如图 2-38（b）所示。然后再取消"锁定比例"的勾选,修改每一个尺寸达到图 2-34（a）所示的尺寸,即完成尺寸修改。这时所有尺寸变为强尺寸。

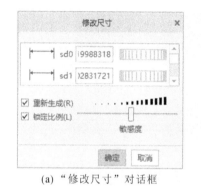
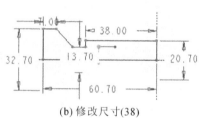

（a）"修改尺寸"对话框　　　　　　（b）修改尺寸(38)

图 2-38　修改截面的尺寸

（7）完成草绘。单击"草绘器"工具栏中的完成按钮 ✔,完成并退出草绘界面。

（8）选择"形状特征"工具栏中的旋转图标 ◁▷ ,进入旋转操控面板,按下鼠标中键后确定,即可完成实体模型,如图 2-34（b）所示。

习　　题

2-1　用草绘器绘制如图 2-39 所示平面图形,并"拉伸"成高为 10 mm 的实体零件。

2-2　用草绘器绘制如图 2-40 所示平面图形,并"拉伸"成高为 10 mm 的实体零件。

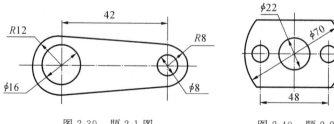

图 2-39　题 2-1 图　　　　　　　　图 2-40　题 2-2 图

2-3 用草绘器绘制如图 2-41 所示平面图形,并"拉伸"成高为 10 mm 的实体零件。

2-4 用草绘器绘制如图 2-42 所示平面图形,并"拉伸"成高为 10 mm 的实体零件。

扫码可看
视频演示

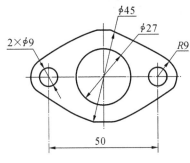

图 2-41 题 2-3 图

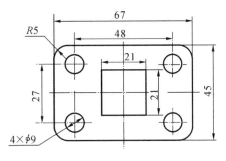

图 2-42 题 2-4 图

2-5 用草绘器绘制如图 2-43 所示平面图形,并"旋转"成实体零件。

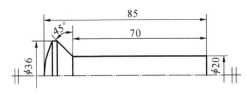

图 2-43 题 2-5 图

第3章 三维建模基础

3.1 特征模型树

1. 特征模型树简介

在三维造型设计中,特征模型树是一个功能强大的辅助设计工具。通过特征模型树用户可以了解产品建模的顺序和特征之间的父子关系,还可以直接在特征模型树上进行编辑,如图 3-1(a)所示。

如图 3-1(b)所示,特征模型树的"显示"选项卡有层树选项,可以设置层、层项目和显示状态,还有全部展开、全部折叠、预选突出显示和突出显示几何等选项。如图 3-1(c)所示的"设置"选项卡中有树过滤器、树列、样式树、打开设置文件、保存设置文件和保存模型树等设置项目。

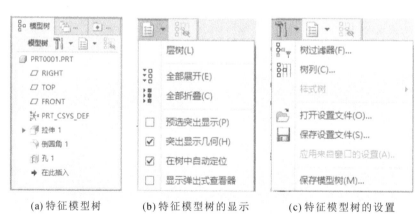

(a) 特征模型树   (b) 特征模型树的显示   (c) 特征模型树的设置

图 3-1 特征模型树

2. 特征模型树的应用

特征模型树是特征、基准、对象等的综合管理器,在模型树中可以直接对特征进行删除、隐含、编辑、编辑定义等操作。熟练运用特征模型树的基本操作功能不仅能提高设计速度,而且还能减小出错概率,达到事半功倍的效果。

在模型树中选择要编辑的特征,然后单击鼠标左键,弹出"编辑"快捷工具栏,如图 3-2(a)所示,可以对特征进行尺寸编辑、编辑定义、编辑参考、隐含、从父项中选择、阵列、镜像、缩放、隐藏、取消隐藏等操作。

（1）尺寸编辑 📐 ：修改特征创建的表达式参数或其他定义数据。选择该选项,系统会自动弹出显示特征的创建尺寸操控面板。

（2）编辑定义 🖌 ：重新定义选定特征的基本参数和属性。选择该选项,系统会自动弹出特征创建时的操控面板。用户可以在特征创建时的模型对话框中重新定义选定特征的基本参数和属性。

（3）编辑参考 🔗 ：重新定义所选特征的参照顺序。

（4）隐含 🔒 ：隐含被选中的特征。选择该选项,特征被隐含,"隐含"与"删除"不同,被删除的对象通常是不可恢复的,但隐含的对象可以恢复并重新显示。

（5）阵列 ⊞ ：对选择的特征进行阵列操作。

（6）镜像 ▷◁ ：对选择的特征进行镜像操作。

（7）隐藏 👁‍🗨 ：对选择的特征进行隐藏操作。

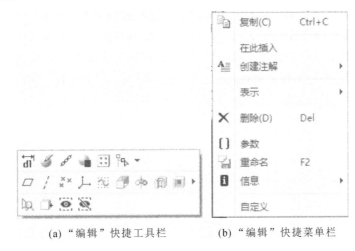

(a)"编辑"快捷工具栏　　　　(b)"编辑"快捷菜单栏

图 3-2　"编辑"快捷菜单

选中要编辑的特征,单击鼠标右键会弹出"编辑"快捷菜单栏,如图 3-2(b)所示,可以对特征进行复制、在此插入、创建注释、表示、删除、参数、重命名、信息、自定义等操作。

（1）复制:对选择的特征进行复制操作。

（2）在此插入:新建的特征操作将在此选项后面插入。

（3）创建注释:为所选特征添加注释说明。

（4）表示:为所选特征添加排除或包括操作。

（5）删除:删除选中的特征。

（6）参数:对所选特征的参数进行编辑。

（7）重命名:重新定义特征的名字。选择该选项后,系统自动将选定的特征名称转变为输入框,用户可以输入新的名字。

（8）信息:提供所选特征和模型的相关信息。

（9）自定义:对弹出的右键快捷菜单进行自定义。

由于选择的特征不同,单击右键弹出的"编辑"快捷工具栏及"编辑"快捷菜单栏也会有所不同。

3.2 基准的创建

图 3-3 "基准"工具栏

基准特征是常用于零件设计中的辅助功能,这类功能起到辅助面和辅助线的作用,如以基准平面作为放置面可以在曲面或球面上创建孔特征或进行其他操作。而旋转特征可以用基准轴作为旋转轴进行旋转得到。基准坐标可以使坐标系与几何对象相关联。"基准"工具栏如图 3-3 所示。

1. 基准平面

基准平面是所有基准特征中最重要、使用最频繁的特征,它主要用作尺寸标注的参考、草绘平面、视角的确定以及组合件零件互相配合的参考面等。系统提供了三个特殊的基准平面:TOP 面、FRONT 面和 RIGHT 面。这三个基准面是两两正交的平面,在创建一个图形文件之初就自动地显示在图形区,作为进行下一步建模的最基本的参照。建模过程中任何一项操作几乎都是以它们作为参照而展开的,并且这三个基准面在模型树上都有一个根节点,所以通常把它们称作原始基准面,如图 3-4(a)所示。例如,当创建拉伸特征需要绘制一个草绘截面时,一般都是在 TOP 面、FRONT 面、RIGHT 面之中的一个面上进行的,如图 3-4(b)所示。

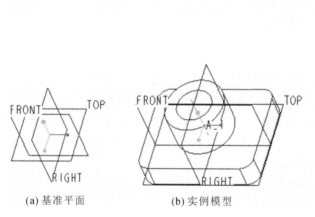

| (a) 基准平面 | (b) 实例模型 | (c) "基准平面"对话框 |

图 3-4 基准平面

但这三个原始基准面并非能满足所有的建模参照需要,这时需要依托它们或者其他的基准要素来构建新的基准平面。在生成新的基准平面时,系统会自动根据用户所选择的项目(可以连选几个项目,使用 Ctrl 键)来确定要生成的基准平面的生成方式。主要有以下一些规则来构建新的基准平面。

(1)与已有平面平行且相距一定距离。

当选择空间一平面时,系统构建的新基准平面将偏移、平行、穿过或垂直于所选平面。

(2)通过一条直线且与已有基准面或平面成一定角度。

同时选择平面及平面外的一条直线,根据平面和平面外直线的相对位置的不同,可以通过所选直线创建新的基准平面,该新基准平面与所选平面存在平行、倾斜和垂直三种情况。

(3)通过一个点且平行于已有基准面或平面。

选择平面和平面外一点,系统创建的新基准平面将通过所选的点,并垂直或平行于所选平面。

(4)通过一个点或一条直线,且与某曲面相切。

(5)通过一个点且和一条直线或已有平面垂直。

(6)通过空间三点(用户所选定的不在同一条直线上的三个模型的顶点或者基准点)创建一个新的基准平面。

新创建的基准平面自动以 DTM1、DTM2、DTM3……的递增次序命名,并在模型树上占据一个节点的位置。

2.基准轴

基准轴主要用于制作基准平面、同轴放置和创建径向阵列、尺寸标注参照。采用拉伸、旋转或孔等创建特征的时候,系统会自动生成相应的特征轴线并命名。这样得到的特征轴线也可以作为后续建模的参照,但是这些轴线不是独立的特征,而是依附于所创建的回转体特征。例如在生成圆柱的时候,系统会自动生成轴心线。

必要时可单独创建基准轴线特征,单独创建的基准轴是单独的特征,可以被重定义、隐含、遮蔽或删除。可以通过单击"模型"菜单中的"基准"工具栏中的"轴"按钮 轴 ,来生成基准轴。系统会弹出如图 3-5(a)所示的"基准轴"对话框,点击 TOP 基准面,对话框将如图 3-5(b)所示,点击对话框中"偏移参考"栏下的空白区域,按住 Ctrl 键,同时选择 RIGHT 面和 FRONT 面,然后把"偏移参考"栏中的两个数值都修改为 200,点击"确定"按钮,即可得到图 3-5(c)所示的基准轴。

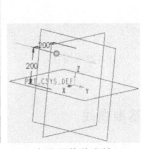

(a)"基准轴"对话框(1)　　(b)"基准轴"对话框(2)　　(C)生成新的基准轴A_1

图 3-5　创建基准轴

常用的基准轴特征的创建方法有如下几种。

(1)通过两点创建一条基准轴线(用户可以选定两模型顶点或者基准点)。

(2)通过两相交平面创建基准轴线。

(3)通过回转体轴线的基准轴。

(4)通过一点并垂直已有基准面或模型平面。

(5)通过曲线上一点,并与曲线相切。

（6）垂直于已有的基准面或模型表面，且与已有的两个基准面的距离为定值。

新创建的基准轴自动以 A_1、A_2、A_3……的递增次序命名，并在模型树上占据一个节点的位置。

3. 基准点

基准点主要用于辅助定位和生成其他基准特征，如基准轴、基准平面、基准曲线或几何中心等。另外在自由曲面造型中，基准点往往是"捕捉功能"的操作对象，用于准确地定义自由曲线的起始点或终止点。

常用的基准点创建方法有如下几种。

（1）位于曲线（含直线、实体的边线）端点或曲线上的基准点。

（2）相对平面或曲面有一定偏移量的基准点。

（3）以曲线（含直线、基准轴）与曲面的交点作为基准点。

（4）两条直线或轴线的交点。

单击"模型"菜单中的"基准"工具栏中的"点"按钮来生成基准点。单击"点"按钮右侧的箭头，系统弹出下拉列表，如图 3-6(a)所示。单击"点"按钮 ，在图形区中选择基准面 RIGHT 面，将弹出"基准点"对话框如图 3-6(b)所示。点击对话框中"偏移参考"栏下的空白区域，按住 Ctrl 键，同时选择 TOP 面和 FRONT 面，然后把"偏移参考"栏中的两个数值都修改为 100，再点击"确定"按钮，即可得到图 3-6(c)所示的基准点。

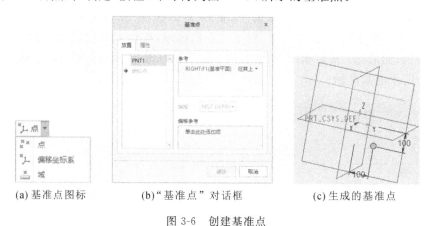

|(a) 基准点图标|(b) "基准点"对话框|(c) 生成的基准点|

图 3-6　创建基准点

4. 基准曲线

基准曲线用作扫描特征的轨迹、曲线圆角的控制曲线、空间曲面的边界线等，有草绘曲线和基准曲线两种类型。单击"模型"菜单中的"基准"工具栏上的草绘按钮 可绘制草绘曲线，它是平面曲线。而单击"模型"菜单中的"基准"工具栏上 基准▼ 右侧的箭头，打开下拉菜单，可绘制基准曲线，如图 3-7(a)所示。基准曲线有以下四种生成方式。

（1）经过点：将空间里的一系列点连成曲线。

（2）自文件：导入来自 Creo 的".ibl"、IGES、SET 或 VDA 文件格式的基准曲线。

（3）使用剖截面：利用预先设置好的剖切面截切模型，截交线就是要创建的曲线。

（4）从方程：用方程式来定义有规律的曲线。单击 ∧ 来自方程的曲线 命令，系统弹出

"来自方程的曲线"操控面板,先选择参考坐标系,如笛卡儿坐标系,再单击 方程... 按钮弹出输入基准曲线的方程的参数方程,如图 3-7(b)所示。此处将在坐标原点处绘制一个半径为 4 mm 的小圆。

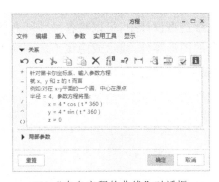

(a)基准曲线命令   (b)"来自方程的曲线"对话框

图 3-7   创建基准曲线

5. 基准坐标系

坐标系是可以添加到零件和组件中的参照特征,它可以执行以下操作。

(1)计算质量属性。

(2)组装元件。

(3)为"有限元分析"放置约束。

(4)为刀具轨迹提供制造操作参考。

(5)用作定位其他特征的参照(坐标系、基准点、平面、输入几何等)。

(6)对于大多数普通的建模任务,可使用坐标系作为方向参照。

单击"模型"菜单中的"基准"工具栏上的创建坐标系按钮 坐标系 ,弹出如图 3-8(a)所示的创建坐标系对话框,选择如图 3-8(b)所示的原始坐标系,将 X、Y、Z 的偏移值均设置为50,单击"确定"按钮,即可得到图 3-8(c)所示的新的坐标系。

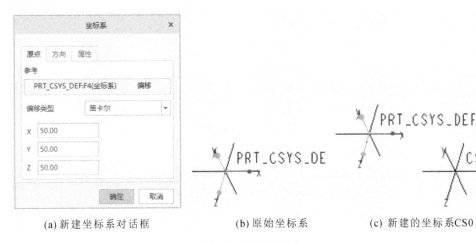

(a)新建坐标系对话框   (b)原始坐标系   (c)新建的坐标系CS0

图 3-8   创建坐标系

3.3 层 树

在三维造型设计中,可以将各种特征和图元放置到不同的图层中,通过设置图层来管理各种复杂的图形零件,显示或隐藏不影响模型的几何形状。

在"模型树"状态下,单击显示图标 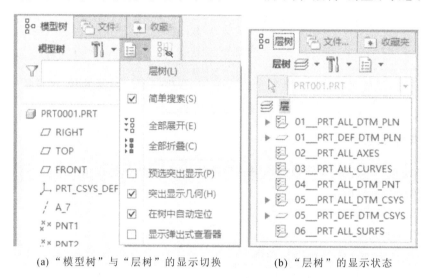 右侧的下拉箭头,弹出下拉菜单如图 3-9(a)所示,选择"层树"即可切换到"层树"状态下,如图 3-9(b)所示为"层树"的显示状态。

(a)"模型树"与"层树"的显示切换　　　　(b)"层树"的显示状态

图 3-9　层树的显示

1. 层的设置

通过设置层树,可以查看零件或组件中的层及指定到层中的项目,并可控制层在模型中的显示方式。在层树窗口中单击设置图标 ，弹出层树的设置下拉菜单,如图 3-10(a)所示,通过该菜单可以显示层、隐藏层和孤立层等。

(1)显示层:勾选表示在树中显示非隐藏层。

(2)隐藏层:勾选表示在树中显示隐藏层。

(3)孤立层:勾选表示在树中显示孤立层。

(4)层项:勾选表示在树中显示层项目。

(5)嵌套层上的项:勾选表示显示嵌套层上的项目。

(6)项选择首选项:设置项目优先选取项。

(7)传播状态:将用户定义层的可见性更改应用到子层。

(8)设置文件:对文件进行打开、保存、编辑和显示操作。

2. 层的基本操作

在层树中,可以通过显示、隐藏、新建层等操作来控制层、层的项目及其显示状态。在层树窗口中单击层图标 ，弹出层树显示下拉菜单,用户也可以在选择层后单击鼠标右键

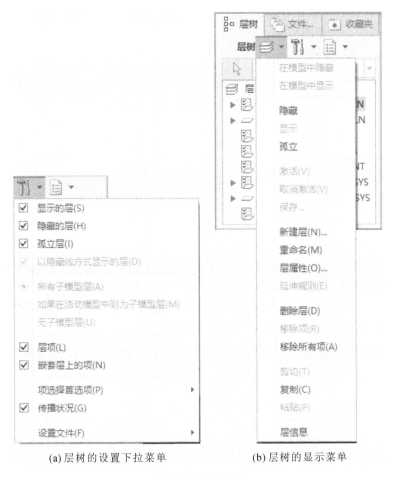

(a) 层树的设置下拉菜单　　　　(b) 层树的显示菜单

图 3-10　层操作

弹出层树显示快捷菜单,均如图 3-10(b) 所示。相关的命令如下。

(1) 新建层:创建一个图层,用户可以指定几何特征和图元作为新层的内容。

(2) 重命名:重新命名图层。

(3) 层属性:用于显示和修改层的属性。

(4) 延伸规则:在不具备有此名称的层的子模型中创建具有相同名称和规则的层。

(5) 删除层:删除所选图层。

(6) 隐藏/显示:将所选取的图层隐藏/显示。

(7) 移除项:删除图层下面的项目,但不删除该图层。

(8) 复制/粘贴:复制/粘贴选中的图层以及该图层包含的所有项目。

3.4　三维建模基本功能

一般模型在设计建模过程中使用最多的是拉伸、旋转、扫描和混合等基本功能,如图 3-11所示为 Creo Parametric 软件中“模型”主菜单中的“形状”工具栏。主要包括“拉伸”“旋转”“扫描”“扫描混合”“混合”“旋转混合”等功能模块,使用这些功能模块建立起一个个特征,通过这些特征的有机组合,构成产品的某个零件,然后再由装配功能模块,把若干个零件组装在一起构成一个完整的产品。

图 3-11　"形状"工具栏

1. 拉伸

拉伸是指将曲线或封闭的截面按垂直于草绘截面的方向拉伸成曲面或实体特征。拉伸操作可以创建实体、曲面或有一定厚度的薄壁体特征。如果拉伸操作是在已有的实体表面进行的,可以创建"移除"材料操作,获得与原有实体的布尔差实体。拉伸主要应用于截面相等且垂直于拉伸轨迹的特征。拉伸的具体操作步骤如下。

(1)选择"模型"主菜单中的"形状"工具栏,单击拉伸图标 ,弹出"拉伸"操控面板,如图 3-12 所示。

图 3-12　"拉伸"操控面板

"拉伸"操控面板各部分的含义如下所述。

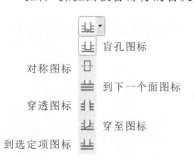

图 3-13　"深度"类型下拉选项

- 实体图标 :创建实体。
- 曲面图标 :创建曲面。
- 深度图标 :设置特征的深度类型,单击右边的 ▼ 按钮,弹出深度类型的下拉列表,如图 3-13 所示。
- 盲孔图标 :是缺省选项,限定草图从工作平面拉伸的深度,可在编辑框中输入深度值,不考虑已经建立的特征,系统提供的缺省拉伸深度数值为 95.09。
- 对称图标 :指将草图沿着垂直于草图所在工作平面的方向对称地拉伸,特征的总拉伸深度为所输入的数值。

- 到下一个面图标 :拉伸截面到下一个曲面,基准平面不能作为终止曲面。

- 穿透图标 :拉伸截面使之与所有的曲面相交。终止曲面不要求是平面,也不必要求其平行于草绘平面,它可以是由一个或几个曲面组成的面组,也可以是在一个组件中选取的另一元件的几何图元。

- 穿至图标 :拉伸截面使其与选定的曲面或平面相交。终止曲面不要求是平面,也不必要求其平行于草绘平面,它可以是由一个或几个曲面组成的面组,也可以是在一个组件中选取的另一元件的几何图元。

- 到选定项图标■:指将草图拉伸至指定的点、曲线、平面或曲面,拉伸深度由系统自动计算。

(2)单击"放置"按钮,则弹出如图 3-14 所示的拉伸"放置"面板。系统提示选择放置拉伸实体的草绘截面,可以选择基准平面或立体上某个已知的平面,注意不能选择曲面。

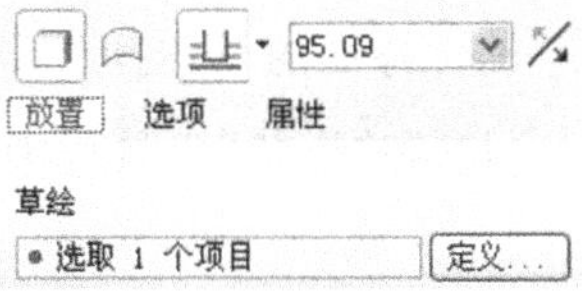

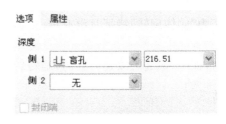

图 3-14　拉伸"放置"面板

- 下拉列表框 95.09 :指定拉伸的深度值。当选取的约束特征深度类型为"到下一个面"或"穿透"时,此文本框将显示为 ,处于不可用状态。当选取的约束特征深度类型为"穿至"或"到选定项"时,此文本框将显示为 选取 1 个项目 ,提示用户选择终止曲面。

- 反转图标 :用来切换拉伸方向。

- 切除图标 :如有其他特征,可点击该图标,从其他特征减去当前要拉伸的特征。

- 厚度图标 :通过截面轮廓指定厚度创建薄壁实体。

- 暂停图标 :暂停访问其他对象。

- 预览复选框 :特征预览。

- 应用图标 :应用并完成拉伸操作,并关闭拉伸操控面板。

- 取消图标 :取消特征创建或者重新定义特征。

(3)单击"定义"按钮,弹出"草绘"对话框,如图 3-15 所示。在工作界面中选择一个草绘平面,一般情况我们选择基准平面或物体的某一个平面。

(4)单击"拉伸"操控面板上的"选项"按钮,如图 3-16 所示,可以定义拉伸的深度。

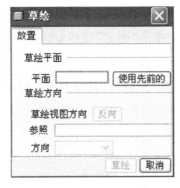

图 3-15　"草绘"对话框

图 3-16　拉伸"选项"面板

(5)单击"拉伸"操控面板上的"属性"按钮,可以更改当前拉伸实例的名称。

(6)在操控面板上设置截止方式、拉伸特征类型以及其他选项。

(7)单击特征预览图标 ,观察生成的拉伸特征。

(8)单击"拉伸"操控面板上的应用图标 ,完成拉伸操作。

2. 旋转

旋转是指将草图沿着指定的轴线旋转生成立体。该轴线必须位于草图的工作平面上，可以是画在草图中的中心线，也可以另外指定一根基准轴，还可以是其他特征的轮廓直线或轴心线。

旋转特征的具体操作步骤如下。

（1）在"形状"工具栏中单击旋转图标 ◑⊅，弹出"旋转"操控面板，如图 3-17 所示。

图 3-17 "旋转"操控面板

（2）选择"放置"按钮，在弹出的面板中单击 定义... 按钮，弹出"草绘"对话框，然后选择草绘平面，如选择 FRONT 基准平面作为草绘平面，并单击 草绘 按钮进入草绘界面，如图 3-18 所示。

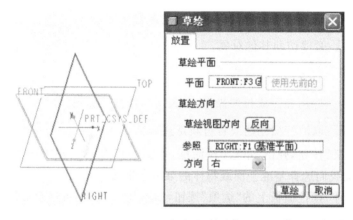

图 3-18 "旋转"操作过程

（3）在草绘区绘制草图，并在"草绘器"工具栏中单击"确定"图标 ✔，然后在"旋转"操控面板中单击应用图标 ☑ 创建旋转实体特征。

注意：作为"实体旋转"特征且没有单击"加厚草绘"图标时，截面必须是封闭的，截面中的图元不能与旋转中心线交叉且必须位于旋转中心线的同一侧，旋转后创建实体特征；作为"曲面旋转"特征时，截面可以是开放的，旋转后创建曲面特征。

3. 扫描

图 3-19 "扫描"图标

扫描是将草绘截面沿着草绘的轨迹或选定的轨迹移动来形成实体。有沿着路径扫描及螺旋扫描两种，单击"模型"主菜单中的"形状"工具栏中"扫描"图标右侧的箭头，弹出"扫描""螺旋扫描""体积块螺旋扫描"等命令，如图 3-19 所示。

扫描特征主要由扫描轨迹和扫描截面构成。扫描轨迹可以指定现有的曲线和边，也可以进入草绘器进行绘制，扫描截面包括恒定截面和可变截面。

单击扫描图标 进入"扫描"操控面板,如图 3-20 所示。

绘制图 3-21 所示的椭圆密封圈形状的扫描实体的操作步骤如下。

(1)首先在"基准"工具栏中单击草绘图标 ,绘制一个椭圆曲线。然后在"形状"工具栏中单击扫描图标 扫描,将在功能区中显示"扫描"操控面板,如图 3-22 所示。打开"参考"选取或草绘扫描轨迹,选取椭圆为扫描轨迹,此时椭圆轨迹线变为亮色。

图 3-20　"扫描"操控面板　　　　　　　　　　　　　图 3-21　椭圆密封圈

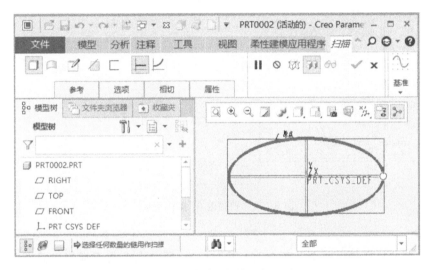

图 3-22　"扫描"操控面板显示

(2)选择"扫描"操控面板上的图标 :以图 3-22 中的箭头位置为原点,创建或编辑扫描截面,绘制如图 3-23(a)所示的截面。

(3)单击图标 完成扫描,如图 3-23(b)所示,生成椭圆形密封圈模型。

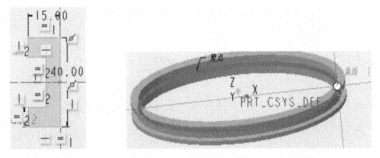

(a)"扫描"截面的绘制　　　　　　(b)"扫描"生成的模型

图 3-23　扫描截面绘制和模型生成

图 3-24 三种"混合"
的图标

4. 混合特征

混合类型的特征是通过两个及两个以上截面图形用过渡曲面连接起来生成实体。在 Creo 中混合类型的特征包括"扫描混合""混合"与"旋转混合"。单击"形状"工具栏中"形状"右侧的箭头,可以看到"混合"与"旋转混合"的图标,如图 3-24 所示。

1) 扫描混合

在"形状"工具栏中单击"扫描混合"图标 ,在功能区中将打开"扫描混合"操控面板,如图 3-25 所示。

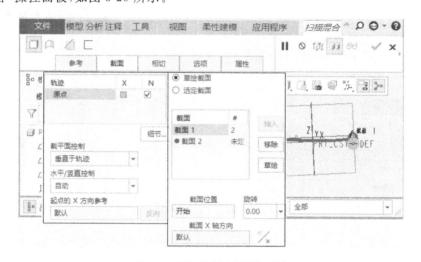

图 3-25 "扫描混合"操控面板

2) 混合

混合类型的特征是由两个及两个以上截面构成,所有混合截面都位于截面草绘中的多个平行平面上。在"形状"工具栏中单击"混合"图标 混合,打开如图 3-26 所示的"混合"操控面板。

图 3-26 "混合"操控面板

3）旋转混合

在"形状"工具栏中单击"旋转混合"图标 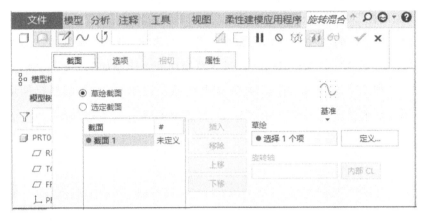 旋转混合，打开如图 3-27 所示的"旋转混合"操控面板。

图 3-27 "旋转混合"操控面板

3.5 设 计 举 例

1. 拉伸举例

例 3-1 使用拉伸功能完成如图 3-28 所示立体的创建。

扫码可看
视频演示

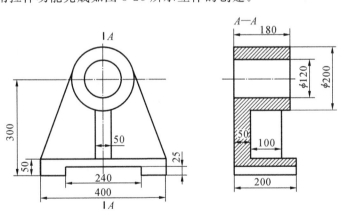

图 3-28 拉伸立体零件

形体分析

本实体零件由四大部分组成,第一部分为直径 200 高 180 的空心圆柱筒,第二部分为长、宽、高分别为 400、200 和 50 的长方体底板,第三部分为与圆柱相切的支撑板,最后一部分为厚 50 长 100 的肋板。由于立体各部分的厚度不同,所以要从这四大部分分别拉伸来形成立体。

操作步骤

（1）点击菜单"文件"→"新建",使用缺省设置,直接点击"确定",建立一个新的零件文件。

如果缺省的单位是英寸,需要修改为毫米,请单击"文件"下拉菜单"准备"→"图形属性",系统弹出"模型属性"对话框,选择"单位"→"更改",系统弹出"单位管理器",选择"毫米牛顿秒",再单击"设置"按钮,复选框选择"解释尺寸 1 变为 1 mm",再分别单击"确定""关闭",回到"模型属性"对话框,最后单击"关闭"完成单位的转换。

(2)拉伸生成上面的圆柱筒。单击拉伸图标 ,点击"放置"→"定义",选择 FRONT 面,再单击草绘对话框中的"草绘"按钮,即进入草绘功能。绘制如图 3-29(a)所示的两个圆,直径分别为 120 和 200,接下来,单击 ✔ 完成草绘并退出草绘功能,回到拉伸功能操控面板。将拉伸高度数值修改为 180,单击图标 ☑ 完成拉伸并退出拉伸功能,即生成如图 3-29 (b)所示的空心圆柱筒。

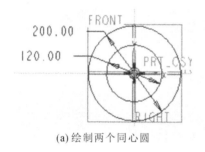 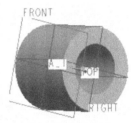

(a)绘制两个同心圆   (b)生成空心圆柱筒

图 3-29   拉伸生成空心圆柱筒

(3)拉伸生成底板。单击拉伸图标 ,点击"放置"→"定义",还是选择 FRONT 面,或者单击"使用先前的"按钮,再点击草绘对话框中的"草绘"按钮,即进入草绘功能。绘制如图 3-30(a)所示的底板截面,注意在过圆心方向竖直画一条中心线,底板与中心线要进行"对称"约束,然后再标注尺寸,底板与圆的中心距离为 300,单击 ✔ 退出草绘功能,回到拉伸功能操控面板。将拉伸高度数值修改为 200,点击图标 ☑ 退出拉伸功能,即生成如图 3-30(b)所示的底板。

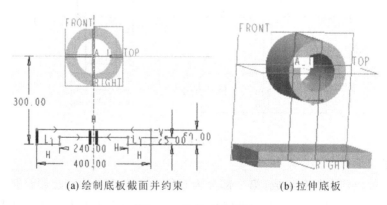

(a)绘制底板截面并约束   (b)拉伸底板

图 3-30   拉伸生成底板

(4)拉伸生成后面的支撑板。单击拉伸图标 ,准备生成后面的支撑板,点击"放置"→"定义",单击草绘对话框中的"使用先前的"按钮,继续使用刚才的拉伸特征所使用的 FRONT 面,再点击"草绘"按钮,进入草绘功能。

单击"草绘"工具栏上的投影图标 □ 投影 ，分别用鼠标左键选择圆柱轮廓的上下两部分，系统即画出两个半圆，再用鼠标左键选择底板的上表面，系统即画出一条直线，再单击"类型"对话框中的"关闭"按钮，如图 3-31(a)所示。

接下来绘制两条直线，两条直线要与圆筒的外圆柱面轮廓相切，起点分别是底板两侧面轮廓和上端面轮廓的交点，如图 3-31(b)所示。

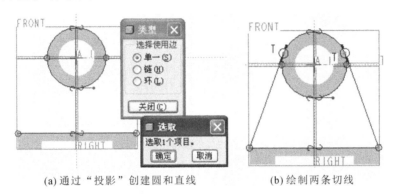

(a) 通过"投影"创建圆和直线　　　　　　(b) 绘制两条切线

图 3-31　绘制支撑板的截面草图

单击"编辑"工具栏中的删除段图标 ⚡删除段 ，选择大圆弧上部的左右两部分，删去这部分多余的圆弧，结果如图 3-32(a)所示。完成后退出草图，返回拉伸功能操控面板。将拉伸高度数值修改为 50，单击完成按钮 ✓ 退出拉伸功能，即生成如图 3-32(b)所示的支撑板。

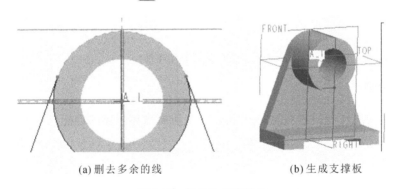

(a) 删去多余的线　　　　　　　　　(b) 生成支撑板

图 3-32　拉伸生成支撑板

(5) 拉伸生成肋板。单击拉伸图标 ⊟ ，准备生成肋板，点击"放置"→"定义"，选择底板的上端面，再点击"草绘"按钮，进入草绘功能。系统弹出"参照"对话框，选择支撑板最下外轮廓，系统自动生成如图 3-33 所示的一条基准直线，然后单击"关闭"按钮。

接着先画垂直中心线，再绘制矩形，如图 3-34(a)所示，将左右对称的矩形尺寸分别修改为 50 和 100，然后完成并退出草图，返回拉伸功能操控面板。

单击按钮 ╱ 切换拉伸方向，这样可以看到肋板实体。再单击深度图标 ⊥ ▾ 右边的箭头，选择拉伸到下一个曲面选项 ≡ ，单击图标 ✓ 退出拉伸功能，即生成如图 3-34(b)所示的肋板，完成全部零件的创建。

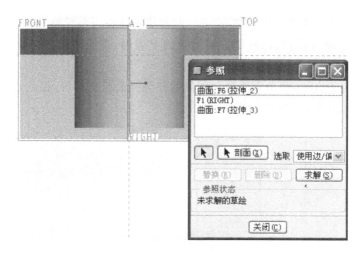

图 3-33　生成参照线

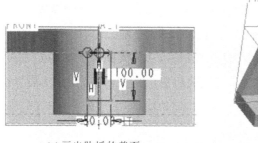

(a) 画出肋板的截面

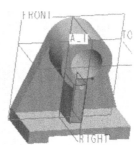

(b) 生成实体

图 3-34　完成实体零件

2. 旋转举例

例 3-2　使用旋转和扫描功能完成如图 3-35 所示水杯立体的创建。

扫码可看
视频演示

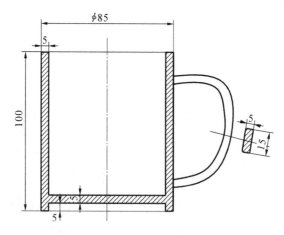

图 3-35　水杯的剖面图

形体分析

　　本实体零件由两大部分组成,第一部分为杯体,可以采用旋转方法生成,第二部分为杯子手柄,可以采用沿着路径扫描的方法生成。

操作步骤

（1）点击菜单"文件"→"新建"，使用缺省设置，直接点击"确定"，建立一个新的零件文件。

如果缺省的单位是英寸，需要修改为毫米，请单击"文件"下拉菜单"准备"→"图形属性"，系统弹出"模型属性"对话框，选择"单位"→"更改"，系统弹出"单位管理器"，选择"毫米牛顿秒"，再单击"设置"按钮，复选框选择"解释尺寸 1 变为 1 mm"，再分别单击"确定""关闭"，回到"模型属性"对话框，再单击"关闭"完成单位的转换。

（2）旋转生成杯体。单击"形状"工具栏中的旋转图标 ⬥，点击"放置"→"定义"，选择 TOP 面，再单击草绘对话框中的"草绘"按钮，即进入草绘功能。首先单击中心线图标 ⃒ 中心线 绘制中心线，然后单击直线图标 ＼ 绘制如图 3-36(a)所示的截面，要求截面一定要封闭，然后进行几何约束和尺寸约束，单击图标 ✔ 退出草绘功能，回到旋转功能操控面板。系统自动将旋转角度数值定为 360°，并绕着刚才绘制的中心线旋转成实体，单击图标 ☑ 退出旋转功能，即生成如图 3-36(b)所示的杯体。

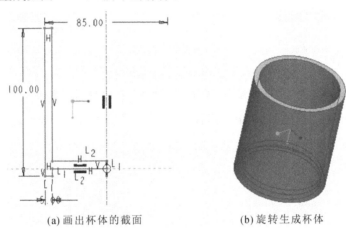

(a) 画出杯体的截面　　　　　　　　(b) 旋转生成杯体

图 3-36　旋转生成杯体

（3）绘制手柄的扫描路径线。选择与杯子底面垂直的 FRONT 面或 RIGHT 面，单击"基准"工具栏中的草绘图标 🖉，进入草绘功能模块。单击"设置"工具栏中的参考图标 🔲 参考，选择杯子的右部外侧，生成参考线，然后单击"草绘"工具栏中的样条图标 ∿ 样条，绘制手柄的样条曲线，如图 3-37(a)所示，再单击"确定"按钮完成手柄的扫描路径。

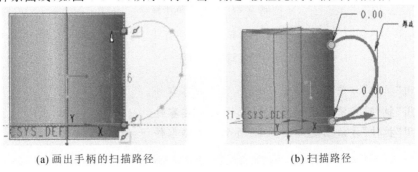

(a) 画出手柄的扫描路径　　　　　　(b) 扫描路径

图 3-37　草绘手柄路径线

（4）扫描生成水杯把手。单击"形状"工具栏中的扫描图标 ，即可弹出扫描操控面板，同时系统选择刚刚绘制的样条曲线作为扫描路径线，图 3-37(b) 中所示的箭头即为扫描路径的起始点及截面的方向。

（5）绘制扫描截面。单击扫描操控面板上的绘制截面图标 ，进入截面的草绘界面，并出现坐标系，如图 3-38(a) 所示。在坐标系位置单击"草绘器"工具栏中的矩形图标 绘制矩形，注意矩形关于坐标轴对称，然后标注尺寸 5 和 15，如图 3-38(b) 所示。单击完成图标 ，完成手柄的绘制，如图 3-38(c) 所示，但是手柄的末端与杯体没有连起来。

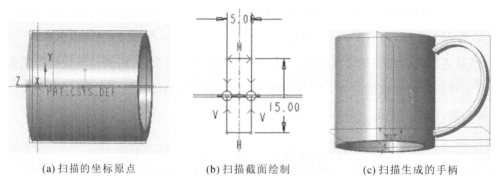

(a) 扫描的坐标原点   (b) 扫描截面绘制   (c) 扫描生成的手柄

图 3-38　扫描生成手柄的过程

（6）修改扫描的属性为"合并端"。单击"模型树"中的"扫描"特征，选择编辑定义图标 ，重新进入扫描特征操控面板，单击面板上的"选项"标签，如图 3-39(a) 所示，勾选"合并端"复选框。单击完成图标 ，完成手柄的绘制，如图 3-39(b) 所示。

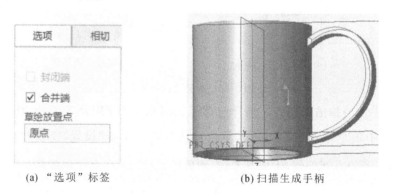

(a) "选项"标签   (b) 扫描生成手柄

图 3-39　扫描生成手柄

习　题

3-1　用"拉伸"方法创建如图 3-40 所示的实体零件。

3-2　用"拉伸"方法创建如图 3-41 所示的实体零件。

3-3　用"拉伸"方法创建如图 3-42 所示的实体零件。

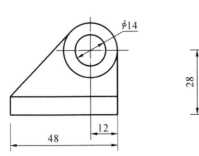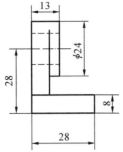

图 3-40　题 3-1 图

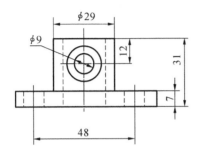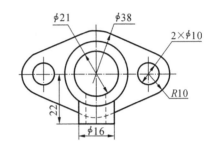

图 3-41　题 3-2 图

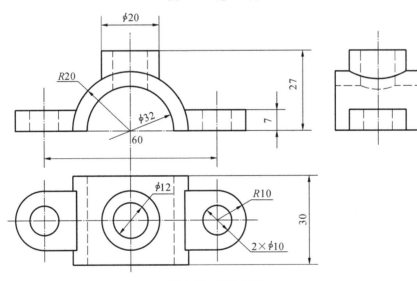

图 3-42　题 3-3 图

3-4　用"旋转"方法创建如图 3-43 所示的实体零件。

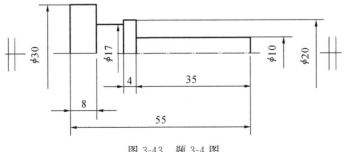

图 3-43　题 3-4 图

3-5 用"旋转"方法创建如图 3-44 所示的实体,尺寸自定。

图 3-44 题 3-5 图

第4章　创建工程特征

在 Creo 中创建几何特征有多种方法。我们可以从二维草绘开始,然后通过拉伸、旋转、扫描和混合等来生成三维实体。也可以使用工程特征,将预定义的形状放置在设计模型上,用这些特征来快速添加特征(如孔、倒角、倒圆等)。

这些工程特征主要是基于父特征而创建的实体特征,如圆角、倒角、孔、筋、槽、拔模和抽壳等。工程特征是直接在设计模型上放置特征并标注尺寸,因此可简化并加快特征的创建。如果没有父特征,工程特征不能启动,如图 4-1(a)所示的工程特征图标是灰色的,不可用。如果有父特征,则工程特征可用,如图 4-1(b)所示。点击"工程"后面的箭头▼可以看到更多的工程特征造型方法,如图 4-1(c)所示。

创建工程特征时,常常需要使用基准平面作为参照,也可以选择基准轴作为参照。工程特征和其他特征一样可以调整特征的尺寸、位置、参照和选项,此操作可以通过特征动态预览区中的控制滑块来完成,也可以在特征的操控面板中完成。

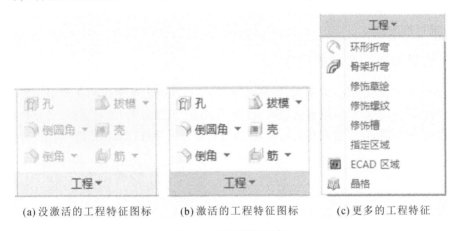

(a) 没激活的工程特征图标　　　(b) 激活的工程特征图标　　　(c) 更多的工程特征

图 4-1　工程特征图标

4.1　创建孔特征

1. 创建孔特征

(1) 孔有简单孔和标准孔两种基本类型。

简单孔即直孔,呈纯圆柱体形状,任何深度处剖面大小均相同。放置孔时,需要先在模型上定义直径和位置参照。

标准孔是使用符合工程标准(ISO、UNC 或 UNF)的孔尺寸,还有沉孔、埋头孔和钻孔等选项可供使用。还可以使用标准孔来指定标准螺纹大小,例如 M8×1 的螺纹孔。螺纹在三维模型上显示为圆柱曲面,而不会创建任何螺纹几何,这样再生模型的时间将大大降低,因为螺纹几何需要更多的计算资源。

单击"工程"工具栏中的孔图标 ,弹出创建孔的操控面板,如图 4-2 所示。

图 4-2 创建孔的操控面板

(2)创建孔特征主要有两个步骤:①选择孔的放置平面,也就是孔的端面所在的平面或曲面;②对孔的轴线的位置进行定位。孔的轴线方向一般就是所选择的放置参考(平面或曲面)的法线方向。

(3)在模型上定义孔的方法。

创建孔特征,必须在其他特征之上,也就是事先需要有一个模型,可以是拉伸或旋转生成的模型。

在模型上创建孔特征时,需要通过选取"主参考"和"偏移参考"来放置和定义孔。第一个选定用来放置孔的几何形状即为"主参考"。接下来选取"偏移参考"从尺寸上对特征做进一步的约束。选好"主参考"与"偏移参考"之后,孔预览图即会出现,其直径尺寸和深度值均为缺省值,这些值可以通过拖动控制滑块进行修改,也可以通过在模型上编辑尺寸或使用孔操控面板进行修改。

2. 孔的类型和孔深度的设置

由选作主参考的几何类型(平面、圆柱曲面、轴、点)可看出要创建的孔类型。展开孔操控面板中的"放置"下拉菜单,可以看到选择"放置"参考和"偏移参考"的对话框;展开孔操控面板中的"形状"下拉菜单,可以看到孔的形状,可以对各部分尺寸进行编辑修改,如图 4-3 所示。

(a)"放置"下拉菜单

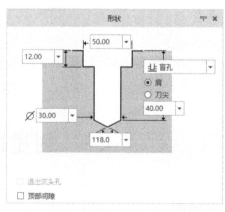

(b)"形状"下拉菜单

图 4-3 孔特征下拉菜单

1）线性孔

选取一个平面作为"放置"主参考。此平面将确定孔钻入模型的起点。然后选取两个"偏移参照"对孔特征的尺寸加以约束。如图 4-4 所示为线性孔的创建方法。

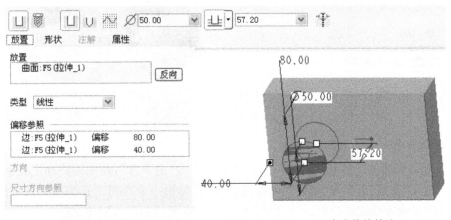

| (a) 线性孔"放置"下拉菜单 | (b) 生成的线性孔 |

图 4-4　线性孔的创建

2）同轴孔

选取一个轴作为"放置"主参考。此轴将确定孔的位置。此时"偏移参照"变成灰色，不可用，需要指定孔开始钻入模型的起始曲面。注意：此时要按住 Ctrl 键同时选取上平面作为"放置"主参考，如图 4-5(a) 所示为同轴孔"放置"下拉菜单，"放置"主参考中有两个参考。单击完成图标 ✔ 可以生成如图 4-5(b) 所示的同轴孔。

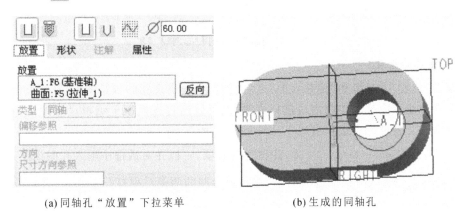

| (a) 同轴孔"放置"下拉菜单 | (b) 生成的同轴孔 |

图 4-5　同轴孔的创建

3）平面上的径向孔

选取一个平面作为"放置"主参考。展开"放置"下拉菜单，将孔"类型"选择为"径向"。然后用鼠标单击"偏移参照"的空白处，选取两个"偏移参照"对孔特征的尺寸加以约束。先选择圆柱的轴线，按住 Ctrl 键同时选取 RIGHT 面，此时"偏移参照"中标注了"半径"及"角度"，可以对其进行修改。平面上所选定的特定位置将确定测量角度时的起始位置，逆时针方向为"正方向"。如图 4-6 所示为平面上径向孔的创建方法。

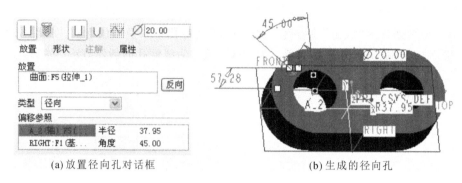

(a) 放置径向孔对话框　　　　　　　(b) 生成的径向孔

图 4-6　平面上径向孔的创建

4）圆柱曲面上的径向孔

Creo 允许在曲面上打孔。选取一个圆柱曲面作为"主参考",此曲面将确定孔钻入模型的起点。将孔"类型"选择为"径向"。"偏移参照"选择第一个参照是孔偏移起点平面参照,第二个是用来确定角度的参照。如图 4-7 所示为曲面上径向孔的创建方法。

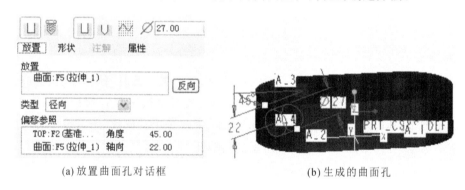

(a) 放置曲面孔对话框　　　　　　　(b) 生成的曲面孔

图 4-7　曲面上径向孔的创建

5）设置孔的深度

选取了"放置"主参考和"偏移参照"之后,模型上会出现孔的预览图形,其深度值为缺省值。此值可使用深度拖动控制滑块进行修改,也可以通过在模型上编辑尺寸或使用孔操控面板进行修改。各种深度选项有以下几种可供使用。

（1）可变盲孔 ⬛ ▾ 40.00 ▾ ：此项为缺省项,可以在对话框中输入孔的深度。

（2）对称孔 ⬛：以指定深度的一半,在放置参照的两侧对称打孔。

（3）钻孔到下一个曲面 ⬛：此项可以使孔在遇到下一个曲面处终止,不需指定深度,因为孔的深度是由下一个曲面控制的。

（4）穿透 ⬛：钻孔与所有曲面相交,不需指定孔的深度,因为孔的深度是由模型自身厚度控制的。

（5）钻孔到选定的面 ⬛：此项可以使孔终止于选定的曲面处,不需指定孔的深度,因为孔的深度是由选定的曲面控制的。

（6）钻孔至选定的点、曲线、平面或曲面 ⬛：此项可以使孔终止于选定的点、曲线、平面或曲面,不需指定孔的深度。

4.2 创建倒圆

创建倒圆角是在现有几何体间创建平滑过渡，它可以添加或移除材料。在模型上创建倒圆角特征时，通常选择边或曲面作为参考，由于参考组合的不同，创建的倒圆角的类型也不同。倒圆角的类型是根据创建倒圆角特征时所选的参考而命名的。

点击工程特征工具栏中的"倒圆角"特征图标 右侧的下拉箭头，可以看到有两种类型的倒圆角特征，即"倒圆角"和"自动倒圆角"，如图 4-8 所示。图 4-9 所示为"倒圆角"的操控面板，图 4-10 所示为"自动倒圆角"的操控面板。

图 4-8 "倒圆角"的图标

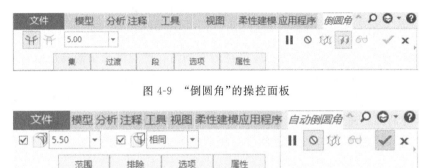

图 4-9 "倒圆角"的操控面板

图 4-10 "自动倒圆角"的操控面板

1）边倒圆角

"边倒圆角"需要选取一条或多条边。这些边可以逐个选取，也可以使用各种不同的边链方式来选取。边链选取方式包括相切链、曲面链和目的链。相切链是缺省选项，如果选取的边有相邻相切边，则倒圆角会自动沿着这些相切边传播。这些倒圆角是通过与所选边相邻的曲面相切而构建的，如图 4-11 所示为"边倒圆角"的创建示例。

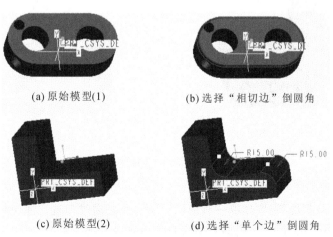

(a) 原始模型(1)　　　　　(b) 选择"相切边"倒圆角

(c) 原始模型(2)　　　　　(d) 选择"单个边"倒圆角

图 4-11 "边倒圆角"的创建示例

2）曲面对边倒圆角

"曲面对边倒圆角"需要选取一个曲面和一条边。这些倒圆角特征是通过与选定曲面相切并穿过选定的边而构建的。如果选定边有相邻相切边，则倒圆角会自动沿着这些边传播。如图 4-12 所示为"曲面对边倒圆角"的创建。

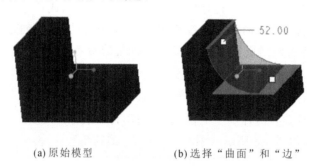

(a) 原始模型　　　　　　　(b) 选择"曲面"和"边"

图 4-12　"曲面对边倒圆角"的创建

3）完全倒圆角

"完全倒圆角"是将曲面替换为相应半径的倒圆角。此类倒圆角需要选取一对边或一对曲面。如果选取一对边，系统会在开始时在各边创建单独倒圆角，然后快速将其转换为一个"完全倒圆角"。如果选取一对曲面，则必须选取第三个曲面作为创建倒圆角时要移除的曲面。无论哪种情况，"完全倒圆角"都是以一个倒圆角曲面构建而成的，该曲面在选定参照之间形成一个"相切"连接。如果选定参照有相邻的相切几何，则倒圆角会自动沿着该几何传播。

操作步骤如下。

（1）用鼠标左键选择图 4-13(a) 所示上表面，按住鼠标中键旋转物体，可以看见下表面，按住键盘上的 Ctrl 键，并用鼠标左键同时选择下表面。

（2）松开键盘上的 Ctrl 键，用鼠标左键选取要移除的曲面，即最右侧面。

（3）按下鼠标中键进行确定，即可生成如图 4-13(b) 所示的"完全倒圆角"。

注意："完全倒圆角"不需要输入半径值。

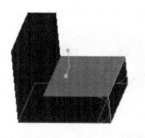 

(a) 选择两个"曲面"和要移除的"曲面"　　　　　(b) 生成的"完全倒圆角"

图 4-13　"完全倒圆角"的创建

4）曲面对曲面倒圆角

"曲面对曲面倒圆角"需要选取一对曲面。倒圆角是通过与选定曲面相切而构建的。如果选定参照有相邻的相切几何，则倒圆角会自动沿着该几何传播。

"曲面对曲面倒圆角"会在选定曲面间创建倒圆角，因此可以跨越间隙或覆盖现有几何。

此外,在"边倒圆角"失败或是对所创建几何不满意的情况下,曲面对曲面倒圆角还可以提供更稳定的倒圆角几何。

5)倒圆角组

进行倒圆角特征操作时,选定第一条边后,按住 Ctrl 键,再选第二条边及第三条边等,那么这些边的位置都会创建在相同半径的"倒圆角组"里。"倒圆角组"可以简化模型树中特征的数量。

4.3 创建倒角

倒角特征与倒圆角特征类似。倒角可以在被选作参照的相邻曲面和边之间创建斜角曲面,它们可以添加或移除材料。单击创建"倒角"图标  右侧的箭头,弹出两种类型的倒角,即"边倒角"和"拐角倒角",如图 4-14 所示。单击"边倒角"图标,进入如图 4-15 所示的"边倒角"操控面板,单击"拐角倒角"图标,进入如图 4-16 所示的"拐角倒角"操控面板。

图 4-14 "倒角"的图标

图 4-15 "边倒角"操控面板

图 4-16 "拐角倒角"操控面板

倒角特征的类型是由其尺寸方案来定义的。

(1)D×D:倒角大小由一个尺寸来定义,系统默认为此选项,只要选定一条需要倒角的边,然后输入倒角的大小即可。

(2)D1×D2:倒角大小由两个尺寸来定义。

(3)角度×D:倒角大小由一个线性尺寸和角度来定义,如图 4-17 所示。

(4)45×D:倒角大小由一个呈 45°的线性尺寸来定义。

(5)O×O 和 O1×O2:这些偏移选项与直角应用中所使用的 D×D 和 D1×D2 选项相同。

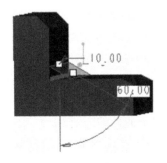

图 4-17 "角度×D"倒角的建立

对于角度和曲线应用,偏移选项可测量从要倒角的曲面到偏移构建曲面之间的偏距。这些偏移构建曲面可用来确定倒角与模型相交的位置。

倒角和倒圆角一样,如果选定用来倒角的边有相邻相切边,它们就会自动倒角。

4.4 创 建 拔 模

拔模特征是一种精修特征,可用在模铸零件中,也可用在任何需要创建倾斜或斜角曲面的位置处。拔模特征的种类是通过选取中性对象、枢轴对象及分割对象的不同曲线、曲面和平面组合而定义的。拔模可向模型中添加材料,也可从模型中移除材料,拔模的角度范围为 $0°\sim89.8°$。

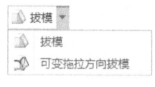

图 4-18 "拔模"的图标

拔模特征的图标为 。拔模类型有两种:"拔模"和"可变拖拉方向拔模",如图 4-18 所示。单击"拔模"图标 拔模,进入如图 4-19 所示"拔模"操控面板,单击"可变拖拉方向拔模"图标 可变拖拉方向拔模,进入如图 4-20 所示"可变拖动方向拔模"操控面板。

图 4-19 "拔模"操控面板

图 4-20 "可变拖拉方向拔模"操控面板

(1) 拔模曲面:要拔模的曲面,即在动的那个面。

(2) 拔模枢轴:不变的那个面,测量的拔模角度与枢轴平面垂直。

(3) 中性对象:在拔模创建完毕后确定模型上下大小维持不变的位置。缺省情况下,中性对象与拔模枢轴相同。平面、曲线或曲面都可以选作中性对象。

要创建拔模,可选取要拔模的曲面作为主参考。然后选取一个"拔模枢轴"作为二级参考。缺省情况下,中性对象与选取的枢轴相同,但也可手动从模型中选取。创建拔模特征时使用或不使用分割均可。分割可与枢轴相同,也可通过选取曲线、平面或草绘剖面进行定义。

如图 4-21 所示为选择上表面为"拔模枢轴"、选择右侧面为单个曲面的"拔模曲面"进行的拔模操作。如果选择 DTM1 面作为"拔模枢轴",再选择右侧面作为"拔模曲面"进行拔模操作,则如图 4-22(a)所示;若选择"分割操作"则如图 4-22(b)所示;如果按住键盘上的 Ctrl 键选择多个侧面作为"拔模曲面"进行拔模操作,则如图 4-22(c)所示。

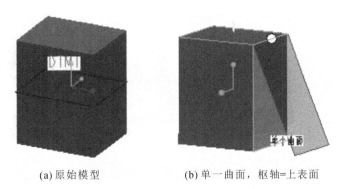

(a) 原始模型　　　　　　　　(b) 单一曲面，枢轴=上表面

图 4-21　拔模特征创建方法(1)

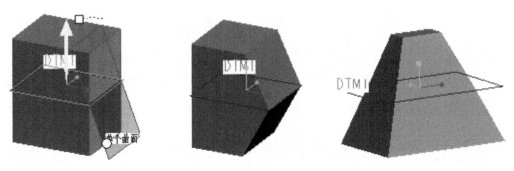

(a) 单一曲面，枢轴=DTM1　(b) 单一曲面，枢轴=DTM1,分割=DTM1　(c) 环曲面，枢轴=DTM1

图 4-22　拔模特征创建方法(2)

4.5　创 建 壳 体

壳特征是指在设计模型上移除曲面形成中空,并留下指定厚度值的壁。壳特征有三种类型,它们是根据所选定的参照来定义的。

创建壳特征的图标为 ▣ 壳。单击壳图标 ▣ 壳,进入如图 4-23 所示的壳特征操控面板。

图 4-23　壳特征操控面板

在创建壳特征的操控面板上使用"参考"选项卡,可选取多个要移除的曲面,还可以指定不同的厚度,图 4-24 所示为壳特征操作的不同类型。

(1) 单个曲面:只选取一个曲面从特征中移除。

(2) 多个曲面:选取多个曲面从特征中移除。

(3) 多个厚度:定义壳特征厚度不同的一个或多个位置。

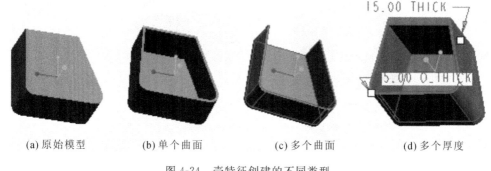

| (a)原始模型 | (b)单个曲面 | (c)多个曲面 | (d)多个厚度 |

图 4-24　壳特征创建的不同类型

4.6　创 建 筋 板

筋特征主要用于加强零件的强度、硬度和柔韧性,使零件不容易变形或断裂。筋板也称为肋板。在工程特征中创建筋特征的图标为 ,筋特征有:"轨迹筋"和"轮廓筋"两种类型,"轨迹筋"图标为 ,"轮廓筋"图标为 。

1. 轨迹筋

"轨迹筋"是通过绘制肋板所在面的轨迹来创建筋板。该方法是 Creo 的新功能,十分好用,系统默认为该选项。截面可以是封闭的图形,也可以是一条直线,可以和轮廓相交,也可以不与轮廓相交,系统都会自动求出与轮廓的交点而绘制出筋板。

单击"轨迹筋"图标 打开轨迹筋特征操控面板,如图 4-25 所示。通过该操控面板可以在"放置"中定义筋特征的放置表面,通过对话框确定筋的厚度和形状等。

图 4-25　轨迹筋特征操控面板

创建"轨迹筋"的操作步骤如下。

(1)单击图标 ,进入"轨迹筋"的操控面板,单击"放置"→"定义",选择图 4-26(a)中的上表面即 DTM2 面,进入草绘模式。

(2)单击图标 ,选择模型内部的两个边,创建两条直线,然后绘制一条斜线与两轮廓相交,剪去多余的图形,标注尺寸、角度及长度,如图 4-26(b)所示。该截面可以是一条线,也可以是一个封闭的图形,可以和轮廓相交,也可以不与轮廓相交。

(3)单击图标 ,完成草绘,在操控面板中输入筋板的厚度 5,然后单击鼠标中键,完成筋特征,如图 4-26(c)所示。

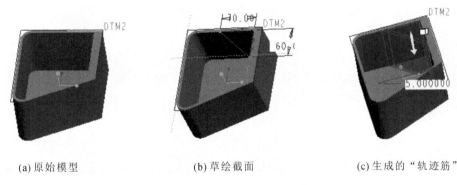

| (a) 原始模型 | (b) 草绘截面 | (c) 生成的"轨迹筋" |

图 4-26　"轨迹筋"特征的创建

2. 轮廓筋

"轮廓筋"是通过绘制或选取筋板所在面的轨迹来创建筋板。图标为 。"轮廓筋"要求只绘制筋板的截面,而且截面不能封闭。

单击图标 ,进入轮廓筋特征操控面板,如图 4-27 所示,通过该操控面板可以在"参考"中定义筋特征的放置表面,通过对话框确定筋的厚度。

图 4-27　轮廓筋特征操控面板

(1)"参考"选项卡:设置筋特征的方向和截面。

(2)"反向":切换剖面添加材料的方向。

(3)"更改方向":用来切换筋特征的厚度侧。单击该按钮可以使厚度从一侧循环到另一侧,或者关于草绘平面对称。

操作步骤如下。

(1) 单击图标 ,进入"轮廓筋"的操控面板,单击"参考"→"定义",选择图 4-28(a)中的 DTM1 面,进入草绘模式。

(2) 单击图标 参考 ,选择模型内部的两个边,作为参考边,然后绘制一条斜线与两轮廓相交,标注角度及长度,如图 4-28(b)所示。

(3) 单击图标 ,完成草绘,在操控面板中输入筋板的厚度 8,然后单击鼠标中键,完成筋特征,如图 4-28(c)所示。

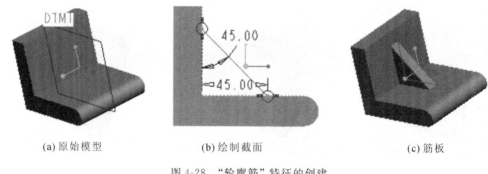

(a) 原始模型　　　　　　　(b) 绘制截面　　　　　　　(c) 筋板

图 4-28　"轮廓筋"特征的创建

4.7　常用的特征编辑功能

特征有很多种,常用的特征"编辑"工具栏如图 4-29(a)所示。单击 编辑▾ 右边的箭头,弹出隐藏的特征"编辑"工具栏如图 4-29(b)所示。

(a) 常用的特征"编辑"工具栏　　　　(b) 隐藏的特征"编辑"工具栏

图 4-29　特征"编辑"工具栏

在编辑特征时一定要先选择一个特征,工具栏中的"镜像""阵列"等操作才可以使用。实体上常用的编辑功能有镜像和阵列两种。其他的编辑功能大多数为曲面的修剪、合并、延伸、偏移、实体化、包络、分割等,我们将在讲曲面时介绍,本节主要介绍实体的镜像和阵列功能。

1. 镜像特征

镜像特征是关于某一个平面镜像,选定特征或特征组,可使镜像后的特征独立或从属于原始特征。

操作步骤如下。

(1) 在实体模型中选择一个孔特征,如图 4-30(a)所示,然后用鼠标单击镜像特征图标)|(,弹出镜像特征操控面板,如图 4-31 所示。

(2) 在模型中选择"镜像平面",如选择 RIGHT 面,按下鼠标中键确定后,即可完成孔特征的镜像操作,结果如图 4-30(b)所示。

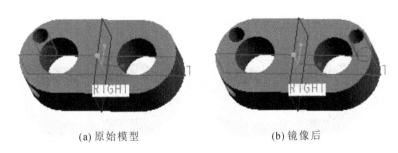

(a) 原始模型   (b) 镜像后

图 4-30 "镜像特征"的操作

图 4-31 镜像特征操控面板

2. 阵列特征

利用阵列特征工具可以阵列一个特征或一组特征。阵列特征可通过多种不同的方法来创建,包括线性阵列、旋转阵列和填充阵列等。阵列的每个成员都从属于原始特征。阵列特征的操控面板如图 4-32 所示。

图 4-32 阵列特征操控面板

阵列特征操作的方法有以下几种。

(1) 尺寸。通过使用驱动尺寸并指定阵列的增量变化来控制阵列。尺寸阵列可以是单向线性阵列,也可以是双向线性阵列,如图 4-33 所示。

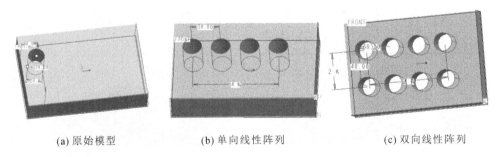

(a) 原始模型   (b) 单向线性阵列   (c) 双向线性阵列

图 4-33 尺寸阵列特征

(2) 方向。通过指定方向并使用拖动控制滑块设置阵列增长的方向和增量来创建自由形式阵列。方向阵列可以是单向或双向。方向参照可以选择平面、平曲面、直边、坐标系、轴。

(3) 轴。通过使用拖动控制滑块设置阵列的角增量和径向增量来创建自由形式的径向阵列,如图 4-34 所示,也可以将阵列拖动成螺旋形。

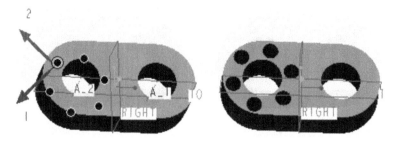

图 4-34　轴阵列特征

（4）表。通过使用阵列表为每一阵列实例指定尺寸值来控制阵列。

（5）参照。通过参照另一阵列来控制阵列。参照阵列是将一个特征阵列复制到其他阵列特征的"上部"。一些定位新参照阵列特征的参照，必须且只能是对初始阵列特征的参照。如图 4-35 所示，已经创建了孔阵列，再选择倒圆角作为阵列参照，阵列特征将参照孔阵列创建。

图 4-35　参照阵列特征

（6）填充。通过选定栅格用实例的填充区域来控制阵列。

（7）曲线。通过指定沿着曲线的阵列成员间的距离或阵列成员的数目来控制阵列。

4.8　直接特征应用举例

扫码可看
视频演示

例 4-1　根据图 4-36 所示图形创建立体。

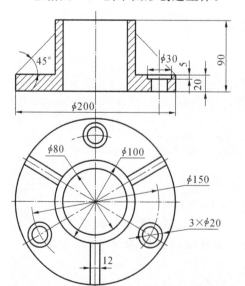

图 4-36　实体零件的图形

形体分析

本实体零件由三大部分组成,第一部分为直径 200 高 20 的底板圆柱,第二部分为直径 100 高 70 的圆柱,第三部分为三块筋板。立体中间的孔可以用"同轴孔"创建,底板上的孔可以用 "径向孔"创建,并选择"环形阵列"操作。筋板创建后也采用"环形阵列"操作来实现周分布。

操作步骤

(1) 点击菜单"文件"→"新建",使用缺省设置,直接点击"确定",建立一个新的零件文件,再点击"完成"。

(2) 拉伸生成底板圆柱。单击拉伸图标 ⬚,点击"放置"→"定义",选择 FRONT 基准面,再点击草绘对话框中的"草绘"按钮,即进入草绘功能模块。绘制直径为 200 的圆,单击 ✔ 退出草绘功能,回到拉伸特征操控面板。将拉伸高度数值修改为 20,点击完成图标 ✔,即生成圆柱底板。

(3) 拉伸生成上部圆柱。单击拉伸图标 ⬚,点击"放置"→"定义",还是选择圆柱上表面作为基准面,再点击草绘对话框中的"草绘"按钮,即进入草绘功能模块。绘制直径为 100 的圆,单击 ✔ 退出草绘功能,回到拉伸特征操控面板。将拉伸高度数值修改为 70,点击完成图标 ✔,即生成如图 4-37(a)所示的两个圆柱。

(4) 创建筋板。在工程特征工具栏中单击"轮廓筋"图标 ◣,弹出创建轮廓筋特征的操控面板,单击"参考"→"定义",然后选择 RIGHT 基准面作为绘制筋板截面的放置表面,再点击草绘对话框中的"草绘"按钮,即进入草绘功能模块。

(5) 绘制筋板的截面。单击图标 ▢ 参考,选择底板圆柱的上表面和左侧面作为参考,同时选择小圆柱的左侧作为参考。然后单击图标 ╲线,绘制直线并标注角度 45°,如图 4-37(b)所示。

(6) 生成筋板。单击图标 ✔ 退出草绘功能,回到"轮廓筋"的操控面板,勾选预览图标 ☑ 👓,如果不能看见实体上的筋板,需要点击筋板上的紫色箭头,出现筋板后,修改厚度为 12,点击完成图标 ✔,即生成如图 4-37(c)所示的筋板。

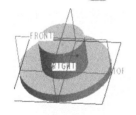　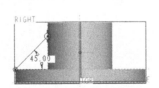　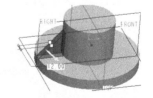

(a) 创建两个圆柱　　　　(b) 绘制筋板的截面　　　　(c) 创建筋板

图 4-37　尺寸阵列特征

(7) 阵列筋板。选择筋板,然后单击特征工具栏中的阵列图标 ▦,弹出阵列特征操控面板,选择"轴",再单击圆柱中间的轴线,如果轴线不可见,单击基准显示工具栏中的图标 ⟋,显示轴线。选择轴线后在操控面板相应文本框中输入3,然后单击图标 △ 360.00 ▾,即可以显示如图 4-38(a)所示的筋板位置,点击完成图标 ✔ 退出阵列功能,即生成如图 4-38(b)所示的三块筋板。

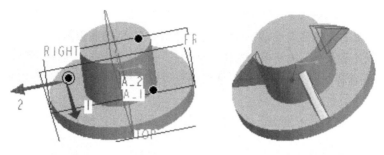

(a) 筋板位置预览   (b) 筋板的阵列

图 4-38　阵列筋板

（8）创建孔。单击工程特征工具栏中的孔特征图标 ，进入"孔"的操控面板，打开"放置"下拉菜单，单击底板的上表面，作为"主参考"，同时选择孔的类型为"直径"。单击"偏移参照"下面的空白处，选择 RIGHT 面作为一个偏移参照，按住键盘上的 Ctrl 键，同时选择圆柱中间的轴线作为另一个偏移参照，即生成如图 4-39(a)所示的预览图形。修改"偏移参照"中的尺寸，使角度为 0.00，直径为 150.00，孔特征的"放置"下拉菜单如图 4-39(b)所示。

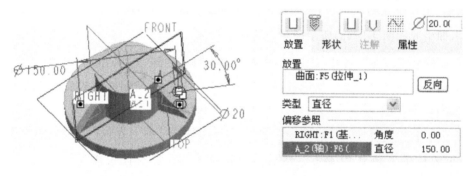

(a) 孔特征位置预览   (b) 孔特征的"放置"下拉菜单

图 4-39　孔特征的创建

（9）修改孔形状。选择孔特征操控面板中的"标准孔"图标 ，然后选择"添加沉孔"图标 ，单击操控面板中的"形状"，进入"形状"下拉菜单，修改孔的形状，孔的深度选择穿透图标 ，孔的形状设置如图 4-40(a)所示。点击完成图标 退出孔特征操作，即生成如图 4-40(b)所示的孔。

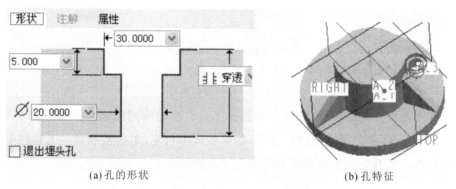

(a) 孔的形状   (b) 孔特征

图 4-40　标准孔特征的创建

(10) 阵列孔。选择刚刚生成的孔,然后单击特征"编辑"工具栏中的阵列图标▥,弹出阵列特征操控面板,选择"轴",再单击圆柱中间的轴线,在操控面板相应文本框中输入 3,然后单击图标 ⌖ 360.00 ⬇,即可以显示孔预览的位置,点击完成图标 ✅ 退出阵列功能,即生成如图 4-41(a)所示的阵列孔。

(11) 创建同轴孔。单击工程特征工具栏中的孔特征图标 🛢,进入"孔"的操控面板,用鼠标左键单击小圆柱的上表面,并按住键盘上的 Ctrl 键,同时选择圆柱的轴线,打开"放置"下拉菜单,可以看到"放置"的主参考中有两个主参考:曲面和轴,系统默认孔类型为"同轴",如图 4-41(b)所示。修改孔直径的尺寸,使直径为 80.00,孔的深度选择穿透图标 ⌸,点击完成图标 ✅ 退出孔特征操作,即生成如图 4-41(c)所示的孔。

放置
曲面:F6(拉伸_2) 反向
A_2(轴):F6(拉伸_2)

类型 同轴

偏移参照

方向

尺寸方向参照

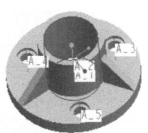

(a) 阵列孔   (b) 同轴孔的"放置"主参考   (c) 同轴孔

图 4-41 同轴孔特征的创建

习　题

4-1　根据如图 4-42 所示图形创建立体。

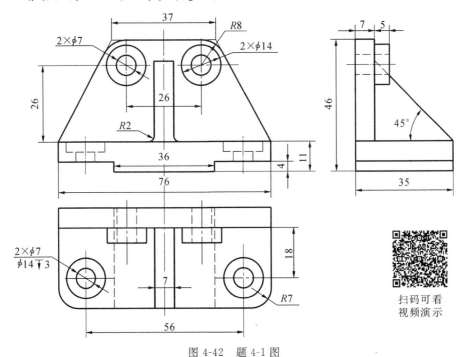

扫码可看
视频演示

图 4-42　题 4-1 图

4-2 根据如图 4-43 所示图形创建立体。

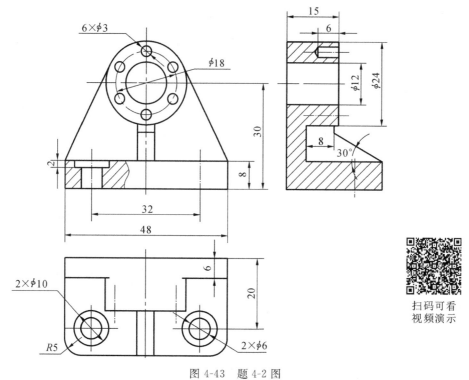

图 4-43 题 4-2 图

4-3 根据如图 4-44 所示零件图创建立体。

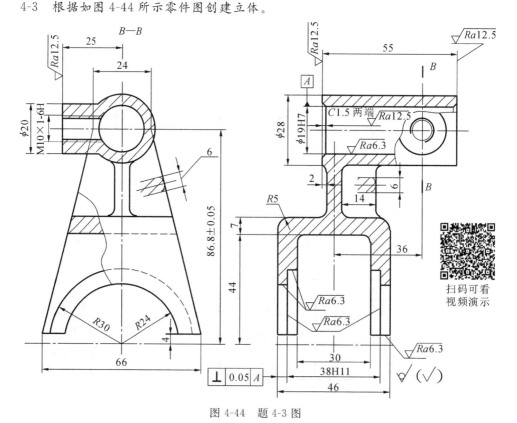

图 4-44 题 4-3 图

第5章 三维曲面建模

曲面特征是现代设计不可或缺的特征,实体特征用来建立比较规则的三维模型,而曲面特征用来建立复杂度较高的三维模型。

创建曲面特征的方法很多,包括拉伸、旋转、扫描和混合等,同时创建曲面特征还有扫描混合曲面、边界混合曲面和专门的曲面造型功能等。曲面特征是一种没有质量和厚度等物理属性的几何特征,它提供了非常弹性化的方式来建立单一曲面,然后将单一曲面集合成完整且没有间隙的曲面组,最后将曲面组转化为实体。

5.1 曲面造型的基本创建方法

曲面造型的基本创建方法有拉伸、旋转、扫描等。其创建方法与实体特征的创建方法基本相同,主要通过在操控面板选择"实体"□或"曲面"▢来决定创建实体特征或曲面特征。

1. 拉伸曲面

拉伸曲面特征是指将单一曲线或复合曲线按指定的方向以及深度拉伸成曲面特征。在"形状"工具栏中单击拉伸图标▢,弹出"拉伸"操控面板,单击"拉伸为曲面"图标▢,选择或绘制曲线,然后输入深度值就可以创建拉伸曲面特征。如图 5-1 所示为拉伸生成的曲面特征。

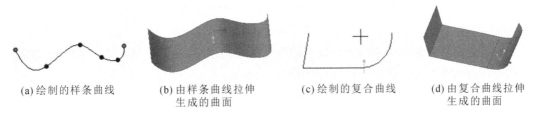

(a) 绘制的样条曲线   (b) 由样条曲线拉伸   (c) 绘制的复合曲线   (d) 由复合曲线拉伸
                   生成的曲面   生成的曲面

图 5-1 拉伸生成的曲面特征

2. 旋转曲面

旋转曲面特征是指将单一曲线或复合曲线按指定的旋转轴旋转生成曲面特征。在"形状"工具栏中单击旋转图标▢ 旋转,弹出"旋转"操控面板,单击"旋转为曲面"图标▢,选择或绘制曲线。

注意：一定要绘制旋转轴线，这样才可以创建旋转曲面特征。如图 5-2 所示为旋转生成的曲面特征。

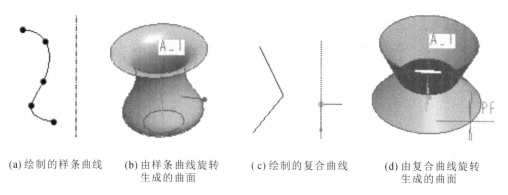

(a) 绘制的样条曲线　　(b) 由样条曲线旋转　　(c) 绘制的复合曲线　　(d) 由复合曲线旋转
　　　　　　　　　　　　生成的曲面　　　　　　　　　　　　　　　　　生成的曲面

图 5-2　旋转生成的曲面特征

3. 扫描曲面

扫描曲面特征是指将单一曲线或复合曲线按指定的轨迹线扫描生成曲面特征。在"形状"工具栏中单击扫描图标 囗扫描 ，进入"扫描"操控面板，如图 5-3 所示，选择"扫描为曲面"图标 囗 ，然后绘制或选择扫描轨迹、定义属性和绘制扫描截面。图 5-3(d) 所示为扫描生成的曲面特征。

扫码可看
视频演示

(a) "扫描"操控面板

(b) 绘制的样条扫描轨迹线　　(c) 绘制的截面曲线　　(d) 扫描生成的曲面

图 5-3　扫描生成的曲面特征

扫描曲面特征的操作方法和扫描实体特征的方法相同，需要分别绘制扫描轨迹、定义属性和绘制扫描截面等，才能完成扫描曲面特征的创建。

5.2　混合曲面及扫描混合曲面

如果截面形状不变我们可以用扫描的方法生成曲面，但是如果截面变了，就无法用扫描的方法生成曲面。Creo 为此专门提供了混合命令来解决这个难题。混合的方法有混合 ♂ 混合 、扫描混合 ⌗扫描混合 和旋转混合 ☍ 旋转混合 三种，用混合特征可以创建实体也可以创建曲面。混合曲面特征是指由两个或两个以上的截面连接成曲面特征。

1. 混合曲面特征建模

混合通常指平行混合，是将互相平行的两个或两个以上的草绘截面连接成平滑的曲面组。混合曲面是一系列直线或曲线上的对应点串联所形成的曲面。

平行混合与拉伸相似，都是截面沿着垂直于草绘平面的方向运动而形成特征，只不过拉伸是单截面运动，而混合是多截面运动，平行混合可以看作变截面的拉伸。

混合是将位于不同平面上的截面(至少两个平面截面，而且平面必须拥有相同的图元数)按照指定的规则及形成的机理拟合而生成的特征。混合曲面特征创建步骤如下。

(1) 在"模型"主菜单的"形状"工具栏中单击 形状▼ 选项中的下拉箭头▼，单击混合特征的图标 ⬡ 混合，如图 5-4 所示为混合特征操控面板。

图 5-4　混合特征操控面板

单击 截面 按钮，弹出"截面"下拉菜单，如图 5-5 所示，单击"定义"按钮，弹出"草绘"对话框，先选择一个基准平面如 TOP 面作为草绘平面，其他接受默认设置，进入草绘界面。绘制第一个草绘截面时，单击"草绘"工具栏中的"选项板"图标 ◪，图 5-8(a)所示为"选项板"对话框。绘制正六边形，如图 5-8(b)所示，单击图标 ✓，完成第一个草绘截面的绘制。

图 5-5　混合曲面"截面 1"下拉菜单

(2) 在混合特征操控面板中单击 截面 ，弹出"截面"下拉菜单，如图 5-6 所示，选择"截面 2"，设置相关参数，"草绘平面位置定义方式"选择 ⊙ 偏移尺寸，当前仅有"截面 1"，与"截面 1"的偏移距离为 100，即 偏移自 [截面 1 ▼] [100.00 ▼] ，默认"截面 1"为基准。若有多个截面可以下拉修改。单击图标 ✏ 或 草绘... 按钮进入草绘界面，绘制第二个草绘截面，绘制一个小圆，如图 5-8(c)所示，单击图标 ✓，完成第二个草绘截面的绘制。此时弹出混合曲面特征操控面板，如果直接点击完成混合特征图标 ✓，将会出现"重新生成失败"对话框，如图 5-7(a)所示，原因是混合特征时需要每个截面不在同一空间，而且每一个截面的端点数必须相同。单击 [截面] 按钮,弹出"截面"下拉菜单,如图 5-7(b)所示,"截面 1"为 6 个端点,而"截面 2"只有 2 个端点,因此出现错误。

图 5-6　混合曲面"截面 2"放置对话框

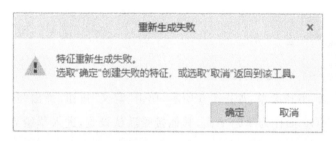

(a) 错误提示项

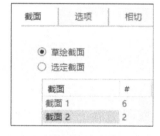

(b) 截面的端点数查看

图 5-7　端点数不同产生的错误提示项

（3）选择"截面 2",单击 [草绘...] 按钮再重新进入草绘界面,对"截面 2"进行人为的分割。单击"编辑"工具栏中的分割图标 [分割] 进行分割,结果如图 5-8(d)所示。

如果还需要绘制多个截面,单击"截面"下拉菜单中的插入按钮 [插入],绘制第三个、第四个截面,注意每个截面不在同一空间,但是每一个截面的端点数必须相同,如果不同,需要进行人为的分割。完成所有的截面后单击完成图标 ✓ 结束绘制,生成如图 5-8(e)所示的混合曲面。

扫码可看
视频演示

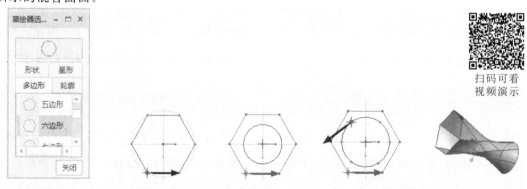

(a)"选项板"对话框　(b)绘制"截面 1"　(c)绘制"截面 2"　(d)分割"截面 2"　(e)生成的混合曲面

图 5-8　混合曲面创建

2. 旋转混合

旋转混合的图标为 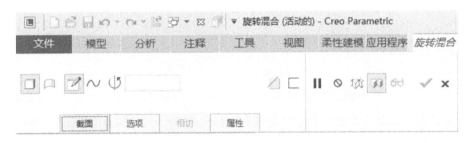 旋转混合。旋转混合特征与平行混合特征最大的区别在于,旋转混合特征截面之间可以具有一定的角度。根据用户的定义及需要,截面可以绕着坐标轴旋转,其旋转的角度范围为 $-120°\sim120°$,默认值是 $45°$。旋转混合特征与旋转特征类似,都需要所绘制的截面绕旋转轴旋转,所不同的是旋转混合可以让每个截面的形状和尺寸不同。一般将两个或两个以上的截面绕着指定的旋转轴、根据设定的角度来确定旋转混合特征。

操作步骤如下所述。

(1) 在工具菜单栏中单击 形状▼ 选项中的箭头 ▼,单击旋转混合曲面的图标 旋转混合,进入旋转混合特征的操控面板,如图 5-9 所示。

图 5-9　旋转混合特征的操控面板

(2) 单击 截面 按钮,弹出"截面"下拉菜单,如图 5-10 所示,单击"定义"按钮,弹出"草绘"对话框,先选择一个基准平面如 TOP 面作为草绘平面,其他接受默认设置,进入草绘界面。

图 5-10　旋转混合的"截面 1"对话框

绘制第一个截面,要求在截面图形的一侧用绘制中心线命令 中心线 绘制一根中心线。旋转混合特征的要求与旋转特征类似,截面必须位于轴线的一侧,否则会出现"截面不完整"错误。在草绘区里绘制"截面 1",即绘制一个圆,直径为 10,中心距为 15,绘制完成后单击图标 ✓,完成"截面 1"的绘制,如图 5-12(a)所示。

(3) 再单击 截面 按钮,弹出"截面"下拉菜单,如图 5-11 所示,选择"截面 2",设置相关参数,"草绘平面位置定义方式"选择 ⊙ 偏移尺寸,偏移自当前仅有的"截面 1",输入角度数值

90°。单击"草绘"按钮进入草绘界面,草绘"截面 2",即绘制截面椭圆,长轴直径为 10,短轴直径为 5,中心与轴线的距离为 15,绘制完成后单击图标 ✔,完成"截面 2"的绘制,如图 5-12(b)所示。

图 5-11　旋转混合的"截面 2"对话框

（4）再次单击 截面 按钮,弹出"截面"下拉菜单,单击插入按钮 插入 ,绘制"截面 3",设置相关参数,"草绘平面位置定义方式"选择 ⊙ 偏移尺寸 ,偏移自"截面 2",输入角度数值 90°。单击"草绘"按钮进入草绘界面,草绘"截面 3",即再绘制一个圆,直径为 10,中心距为 15,绘制完成后单击图标 ✔,完成"截面 3"的绘制,如图 5-12(c)所示。

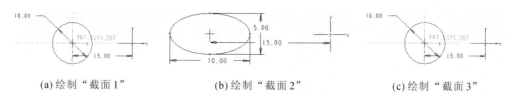

(a)绘制"截面 1"　　　(b)绘制"截面 2"　　　(c)绘制"截面 3"

图 5-12　旋转混合曲面的截面绘制

（5）打开"选项"下拉菜单,可以看见"混合曲面"的属性选项,如图 5-13(a)所示。如果选择默认选项"平滑",完成所有的截面后单击图标 ✔ 结束绘制,生成如图 5-13(b)所示的结果;如果将"混合曲面"的属性选项改为"直",则结果如图 5-13(c)所示。

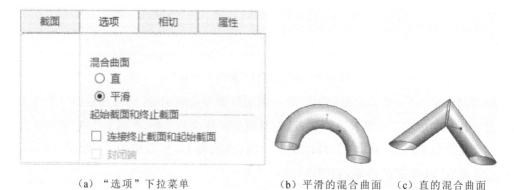

（a）"选项"下拉菜单　　　（b）平滑的混合曲面　　（c）直的混合曲面

图 5-13　旋转混合曲面

3. 扫描混合

扫描混合方法可以创建实体也可以创建曲面,这里主要介绍用扫描混合方法创建曲面。扫描混合的图标为 。

扫描混合方法既有扫描功能沿着一定的轨迹生成实体或曲面的特点,也能够像混合功能一样,在轨迹的不同点上设置不同要求的截面。扫描混合的操作步骤如下。

(1) 首先新建一个零件文件,然后单击"形状"工具栏中的扫描混合图标 ,选择绘制曲面图标 ,如图 5-14 所示为扫描混合特征的操控面板。

图 5-14　扫描混合特征的操控面板

(2) 系统会提示"选择最多两个链"作为扫描混合的轨迹,因此在扫描混合之前应先绘制一条轨迹线。如果没有草绘轨迹线,需要单击操控面板上最右侧的图标 ,弹出"基准"图标,如图 5-15(a)所示,选择草绘图标 进入草绘界面。选择图形放置平面,单击图标 样条 ,绘制一条样条曲线作为轨迹线,单击完成图标 ,完成轨迹线的绘制。单击扫描混合特征操控面板上的图标 ▶ ,重新进入"扫描混合"特征,单击 参考 按钮,弹出如图 5-16(a)所示的扫描混合"参考"下拉菜单。在"参考"中选取刚刚绘制的曲线,则曲线会变为绿色,并出现紫色箭头作为轨迹线的起点位置,如图 5-15(b)所示。

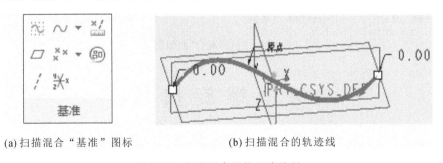

(a) 扫描混合"基准"图标　　　　　　　(b) 扫描混合的轨迹线

图 5-15　扫描混合的轨迹线绘制

(3) 绘制截面。打开"截面"下拉菜单,如图 5-16(b)所示,"截面位置"默认为"开始",即轨迹线的紫色箭头的起点处,单击 草绘 按钮,绘制"截面 1":在"草绘"工具栏选择"选项板"图标绘制正六边形截面,单击完成图标 ,完成第一个截面的绘制,如图 5-17(a)所示。然后再点击"插入"按钮,绘制"截面 2",第二个截面的位置默认为轨迹线的结束位置。如绘制圆形截面,圆形截面需要打断成六段,与"截面 1"的端点数相同,如图 5-17(b)所示。

(4) 完成扫描混合。单击扫描混合特征操控面板上的完成图标 ,完成扫描混合曲面

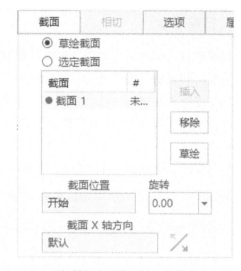

(a) 扫描混合"参考"下拉菜单   (b) 扫描混合"截面"下拉菜单

图 5-16　扫描混合的截面绘制

的创建,结果如图 5-17(c)所示。扫描混合也可以进行实体的创建,和曲面的创建方法相同。如果需要插入多个截面,则需要在草绘轨迹上定义点,可以使用参考点图标 $\times\times$ 来定义点。

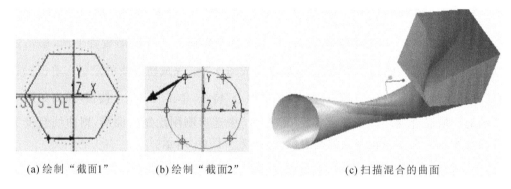

(a) 绘制"截面1"　　　　(b) 绘制"截面2"　　　　(c) 扫描混合的曲面

图 5-17　"扫描混合"曲面创建

5.3　螺旋扫描

在实际生活中,经常遇到弹簧、螺纹等空间曲线模型,螺旋扫描是指将设定的截面沿着螺旋轨迹扫描而创建的特征。螺旋轨迹由旋转曲面的轮廓与螺距来定义,特征的建立还需要旋转轴和截面。轮廓不能是封闭的曲线,螺距可以是恒定的,也可以是变化的。螺旋扫描特征的图标为 　蛐蛐　螺旋扫描 。

螺旋扫描特征可以产生实体、曲面和螺旋"切口"等。螺旋扫描操作要点如下。

(1) 绘制的螺旋扫描轮廓必须是一个开放的环,不能是封闭的,可以是一条直线,也可以是折线或曲线。

(2) 绘制螺旋扫描轮廓时,必须绘制中心线作为螺旋扫描的旋转轴。

(3) 曲面轮廓的起点即为螺旋扫描轨迹的起点,起点的位置可以修改。

1. 螺旋扫描特征介绍

在"模型"主菜单中选择"形状"工具栏中的扫描图标 ，点击右侧的箭头 ，就可以看到螺旋扫描图标 ，单击该图标，系统进入螺旋扫描特征操控面板，如图 5-18 所示。

图 5-18 螺旋扫描特征操控面板

"螺旋扫描"特征操控面板与"扫描"特征操控面板相似， 图标代表扫描实体， 图标代表扫描曲面， 图标代表创建或编辑扫描曲面， 图标代表移除材料， 图标代表创建薄壁特征， 文本框可输入等螺旋扫描的节距， 图标代表使用左手定则定义轨迹螺旋， 图标代表使用右手定则定义轨迹螺旋，系统默认"右旋"。

螺旋扫描的具体设置分为四部分："参考""间距""选项"和"属性"，如图 5-19 所示为螺旋扫描的下拉菜单定义选项。

图 5-19 螺旋扫描的下拉菜单定义选项

（1）"参考"：该面板包含"螺旋扫描轮廓""旋转轴""截面方向"几个选项。

"螺旋扫描轮廓"：螺旋扫描的外轮廓线，必须开放，并且不允许与中心线及螺旋轴互相垂直。当以轨迹法向方式建立螺旋特征时，其扫描轨迹线可以由多条曲线组成，但这些曲线之间必须以相切的方式连接。

"旋转轴"：螺旋扫描时所围绕的中心，这条线是必需的。"内部 CL"表示以内部草绘的中心线作为旋转轴线。

"穿过旋转轴"：特征截面在扫描过程中始终穿过旋转轴线。

"垂直于轨迹"：特征截面在扫描过程中始终垂直于螺旋轨迹线。

（2）"间距"：该面板可以通过不断添加不同位置，设置不同位置的节距。

（3）"选项"：该面板包括"封闭端""保持恒定截面""改变截面"三个选项。

"封闭端"：使曲面特征两端封闭，在扫描曲面的时候才能选，扫描实体时自然呈灰色不可用状态。

"保持恒定截面"：使螺旋扫描的剖面保持不变。

"改变截面"：螺旋扫描的剖面随着轨迹而改变。

（4）"属性"：可以使用该下拉菜单来编辑特征名称，并在浏览器中打开特征信息。

扫码可看
视频演示

2. 螺旋扫描特征的操作步骤

（1）在"模型"主菜单中选择"形状"工具栏中的扫描图标 ，点击右侧的箭头 ，就可以看到螺旋扫描图标 螺旋扫描 ，单击该图标，系统进入螺旋扫描特征的操作界面。

（2）打开"参考"下拉菜单，在"螺旋扫描轮廓"中单击定义按钮 定义... ，系统即弹出"设置绘图平面"菜单管理器，选择草绘平面和方向后，进入草绘界面。

（3）在草绘界面中，先用直线图标 线 绘制螺旋扫描的轨迹，用中心线图标 中心线 绘制一条旋转中心线，如图 5-20(a)所示，然后单击图标 完成草绘。

（4）输入螺旋节距值 15。

（5）绘制扫描截面。单击"螺旋扫描"操控面板上的图标 ，绘制扫描截面，如图 5-20(b)所示，注意截面的位置为刚才螺旋扫描路径的起点处，然后单击图标 完成草绘。

（6）完成扫描特征，如图 5-20(c)所示。

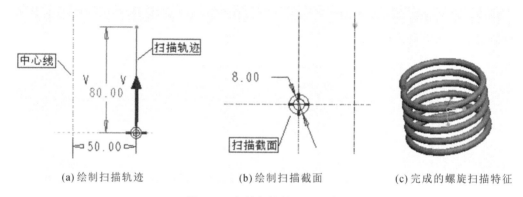

(a) 绘制扫描轨迹　　　　　(b) 绘制扫描截面　　　　　(c) 完成的螺旋扫描特征

图 5-20　螺旋扫描特征的创建

当间距是常数时螺旋扫描的螺距恒定不变，如图 5-21(a)所示。

打开"间距"下拉菜单，单击"添加间距"，可以添加"起点""终点"及中间位置的间距，可根据需要改变螺旋扫描不同位置的螺距，如图 5-21(b)所示。

系统默认为"右手定则"的螺旋扫描，用右手定则确定螺旋线的方向，如图 5-21(c)所示。如果选择图标 ，则代表使用"左手定则"定义轨迹螺旋，螺旋线的方向将改变，如图 5-21(d)所示。

(a) "常数"螺距　　　(b) "可变的"螺距　　　(c) 右手定则　　　　　(d) 左手定则

图 5-21　螺旋扫描特征"属性"

3. 螺旋扫描特征实例——六角头螺栓

扫码可看
视频演示

本实例将介绍六角头螺栓的创建过程,以便进一步掌握螺旋扫描的创建过程。六角头螺栓的尺寸如图 5-22(a)所示,普通螺纹的牙型尺寸如图 5-22(b)所示,本例中 $M=20$,$P=2.5$,$H=2.165$。

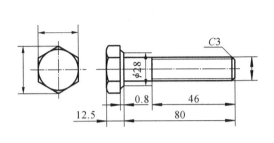

(a) 螺栓的尺寸

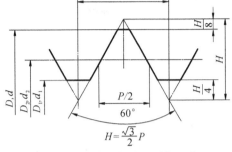

(b) 普通螺纹牙型的尺寸

图 5-22　六角头螺栓

操作步骤如下。

(1) 创建螺栓头部:以 TOP 基准平面为草绘平面创建六边形实体拉伸特征,如图 5-23 所示。

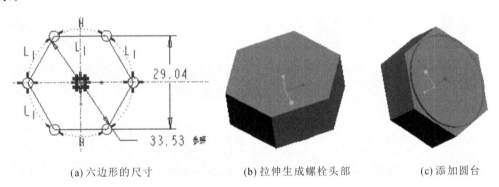

(a) 六边形的尺寸　　　　　(b) 拉伸生成螺栓头部　　　　　(c) 添加圆台

图 5-23　创建螺栓头部

(2) 修剪螺栓头部:以 RIGHT 基准平面为草绘平面,创建旋转减材料,如图 5-24 所示。

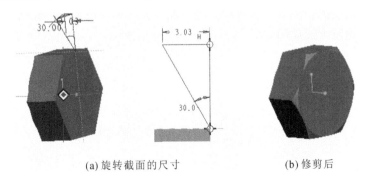

(a) 旋转截面的尺寸　　　　　(b) 修剪后

图 5-24　修剪螺栓头部

（3）创建螺栓体：以圆台平面为草绘平面创建拉伸实体加材料，拉伸生成圆柱体，如图 5-25（a）所示。

（4）创建倒角：如图 5-25（b）所示。

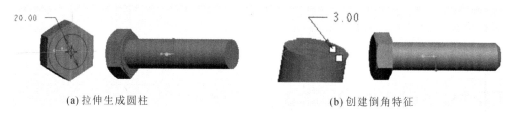

（a）拉伸生成圆柱　　　　　　　　　　（b）创建倒角特征

图 5-25　创建螺栓体

（5）创建螺纹特征：选择"形状"工具栏中的扫描图标 ，点击右侧的箭头 ，就可以看到螺旋扫描图标 螺旋扫描 ，单击该图标，系统进入螺旋扫描特征的操作界面，选择减材料图标 ，创建螺旋扫描减材料特征。其扫描轨迹为螺栓圆柱体表面轮廓，截面形状需要根据普通粗牙螺纹的螺距 $P=2.5$ 计算，如图 5-26 所示。

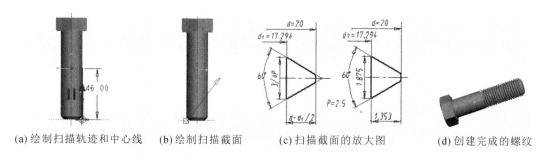

（a）绘制扫描轨迹和中心线　（b）绘制扫描截面　（c）扫描截面的放大图　（d）创建完成的螺纹

图 5-26　螺纹特征的创建

5.4　边界混合曲面

边界混合曲面是指利用边线作为曲面的约束线混合而成的曲面特征。当曲面的外形很难使用常规的一些曲面特征来表达时，可以先绘制其外形上的一些关键线，然后使用边界混合曲面特征来将这些曲线围成一张曲面。边界混合曲面可以使复杂的曲面创建过程变得简单。常用的曲面造型方法如图 5-27 所示。

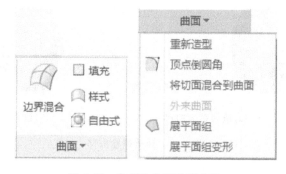

图 5-27　常用的曲面造型方法

1. 边界混合曲面简介

边界混合常用于创建平滑且没有明显剖面与轨迹的曲面。在创建边界混合曲面时,可以在一个方向上指定参考边或曲线,也可以在两个参考方向上指定参考边或曲线,还可以为创建后的曲面定义与相邻曲面的连接关系。

边界混合曲面图标为 ，位于"曲面"工具栏中。单击边界混合图标 可进入"边界混合"的操控面板,如图 5-28 所示。

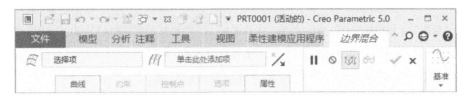

图 5-28　"边界混合"的操控面板

2. 边界混合曲面的操作要点

(1)边界混合曲面的参照图元可以是曲线、实体或曲面的边、基准点、曲线或边的端点。基准点或曲线(边)端点不能作为中间的参照图元,否则会导致边界混合失败。

(2)对于在一个方向上指定参照图元的混合曲面来说,参照图元的选择顺序如果不同,将会得到不同的结果,如图 5-29 所示。

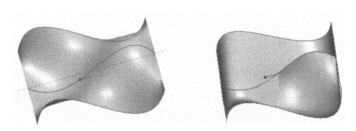

图 5-29　一个方向上参照图元的选择顺序不同

(3)对于在两个方向上指定参照图元的混合曲面来说,如果不按顺序选择参照图元,在很多情况下会导致失败的结果。

(4)在两个方向上指定参照图元的混合曲面,其外部边界必须形成封闭环,外部边界一定要相交。

(5)如果要选择多条基准曲线,或多段实体(或曲面)的边来定义一条参照链,可以按住Shift 键来选择曲线链或边链。

(6)指定曲线或边创建混合曲面时,程序会记住参照图元的选择顺序,并为每条链指定一个序号,但其顺序可以在曲线面板中调整。

3. 边界混合曲面的面板参数

边界混合曲面是一个非常实用的造型工具,其控制选项包括"曲线""约束""选项"等,下面介绍边界混合创建过程中常用的各参数定义,参见图 5-30。

(1) 选取项 ：第一方向曲线收集器。

(a)"曲线"下拉面板　(b)"约束"下拉面板　(c)"控制点"下拉面板　(d)"选项"下拉面板

图 5-30　边界混合曲面的控制参数

（2）![单击此处添加项]：第二方向曲线收集器。

（3）**曲线**：选择参照曲线以及调整参照曲线的顺序。

（4）**约束**：约束混合边界条件，在第一或第二方向选择不少于两条参照曲线或边之后，该项被激活。

（5）**控制点**：设置同一方向参照曲线上的控制点，在第一或第二方向选择不少于两条参照曲线或边之后，该项被激活。

（6）**选项**：选择曲线（或边）来控制混合曲面的形状，在第一或第二方向选择不少于两条参照曲线或边之后，该项被激活。

（7）**属性**：显示边界混合的名称。

4. 边界混合曲面举例

创建边界混合曲面的操作步骤如下。

（1）单击"基准"工具栏中的平面图标 ▱ ，创建分别与基准平面 FRONT 和 RIGHT 平行的平面 DTM1 和 DTM2，如图 5-31(a)所示。

（2）用"基准"工具栏中的图标 ⌒ ，在不同的平面上绘制四条首尾相接的曲线，如图 5-31(b)所示。

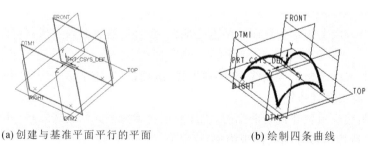

(a)创建与基准平面平行的平面　　　　(b)绘制四条曲线

图 5-31　绘制四条曲线

（3）在"边界混合"操控面板中打开"曲线"下拉面板，如图 5-32(a)所示。

（4）选择第一方向的第一条参照曲线，如图 5-32(b)所示，然后按住 Ctrl 键，选择第一方向的第二条参照曲线，如图 5-32(c)所示。

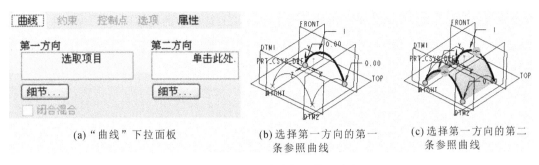

(a) "曲线" 下拉面板　　(b) 选择第一方向的第一　　(c) 选择第一方向的第二
　　　　　　　　　　　　　条参照曲线　　　　　　　条参照曲线

图 5-32　边界混合特征的第一参照

（5）在"曲线"下拉面板中单击"第二方向"列表框,选择第二方向的第一条参照曲线,如图 5-33(a)所示,然后按住 Ctrl 键,选择第二方向的第二条参照曲线,如图 5-33(b)所示。

（6）在"边界混合"操控面板中单击完成图标☑,完成边界混合特征,如图 5-33(c)所示。

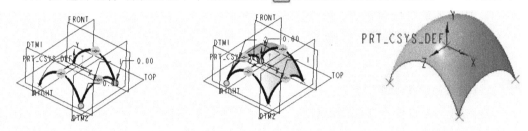

(a) 选择第二方向的第一条参照曲线　　(b) 选择第二方向的第二条参照曲线　　(c) 完成的边界混合特征

图 5-33　边界混合特征的第二参照

5.5　曲面编辑功能

设计完曲面之后,根据要求需要对曲面进行不断的修改与调整,因此要用到曲面编辑里面的修改工具。曲面编辑主要包括对曲面进行修剪、合并、延伸、偏移、复制、镜像和阵列等,曲面的编辑工具栏如图 5-34 所示。

图 5-34　曲面的编辑工具栏

1. 曲面偏移

曲面偏移也适用于曲线偏移,该功能主要实现曲面或曲线沿一定方向偏移一定距离,这个距离可以是恒定的,也可以是变化的。点击"编辑"工具栏中的偏移图标  来启动该功能,如图 5-35 所示。偏移工具中提供了各种选项,例如,将拔模特征添加到偏移曲面、在曲面内偏移曲线等。

图 5-35 "曲面偏移"操控面板

偏移功能的一般使用步骤如下:

(1) 选取一条曲线或者一个曲面,再单击"编辑"工具栏中的图标 ,启动偏移功能;

(2) 根据所选项目是曲线或者曲面,弹出不同的操控面板;

(3) 选择偏移参考,对于曲面,还可以设置如何将拔模特征添加到偏移曲面;

(4) 确定偏移方向和距离;

(5) 点击完成图标 ,完成偏移。

1)曲线偏移

曲线偏移的操作步骤如下。

(1) 新建一个零件文件,单击"基准"工具栏上的草绘图标 ,在 TOP 基准面上绘制如图 5-36(a)所示的曲线。注意要先选择构建图标 ,绘制两个虚线构造圆,两圆的直径分别为 200 和 140,然后选择"草绘"工具栏中的中心线图标 ,绘制两条 45°的中心线,随后关闭构建图标,再点击样条曲线图标 ,绘制需要偏移的曲线,最后单击图标 完成并退出草绘。

(2) 选中刚绘制的曲线,再单击"编辑"工具栏中的偏移图标 ,系统弹出如图 5-37 所示的曲线偏移操控面板,这时,选择"参考面组",单击 TOP 基准面,并将偏移数值由缺省数值修改为 10,再单击完成图标 ,即可得到如图 5-36(b)所示的偏移曲线。

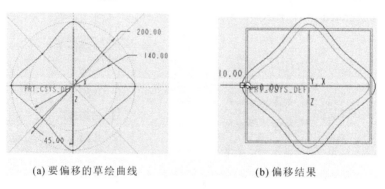

(a) 要偏移的草绘曲线　　　　　　　　　(b) 偏移结果

图 5-36　偏移曲线

图 5-37　曲线偏移操控面板

2）曲面偏移

如图 5-38(a)所示，该立体通过对椭圆柱上下端面进行带拔模的曲面偏移而形成。操作步骤如下。

（1）首先新建一个零件文件，然后使用拉伸功能生成一个椭圆柱，高度为 200，椭圆长、短轴半径分别为 150 和 80。草图工作平面是 TOP 基准面，椭圆柱如图 5-38(b)所示。

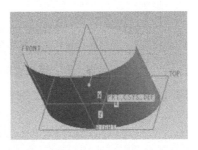

(a) 立体实例　　　　　　　　　(b) 椭圆柱

图 5-38　曲面偏移

（2）旋转视图，以便看到椭圆柱的底面，然后单击底面，该底面显示为绿色，说明被选中，接下来，单击"编辑"工具栏中的偏移图标，系统弹出如图 5-35 所示的"曲面偏移"操控面板。点击图标右边的下拉箭头，系统弹出图 5-39(a)所示的工具栏，单击"具有拔模特征"的图标，系统进入"具有拔模特征"操控面板，如图 5-39(b)所示，同时提示"选取一个草绘"，此时，打开操控面板上的"参考"下拉菜单，如图 5-39(c)所示。点击"定义"按钮，选择椭圆柱底面作为草图工作平面，使用缺省设置，进入草绘功能。

(a) 各种不同方法的　　　　(b) "具有拔模特征"操控面板　　　　(c) "参考"下拉菜单
偏移特征图标

图 5-39　"具有拔模特征"操控面板

（3）在草绘功能中，单击偏移图标，通过边偏距来生成椭圆，这时系统弹出如图 5-40(a)所示的"类型"对话框，将偏移类型设置为"环"类型。然后点击椭圆柱底面，系统顶部出现文本输入对话框，如图 5-40(b)所示，输入偏移数值－3，回车并关闭"类型"对话框。单击图标 ✔ 完成并退出草绘。绘制结果如图 5-40(c)所示。

（4）系统返回"曲面偏移"操控面板，将偏移数值修改为 9，拔模角度数值修改为 10，如图 5-41 所示，然后单击 ✔，椭圆柱的底部形状如图 5-42(a)所示．

（5）选择椭圆柱的上端面，单击"编辑"工具栏中的偏移图标，再次将偏移选项设置为

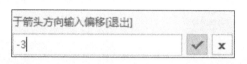

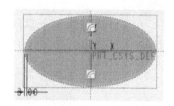

(a)"类型"对话框　　　　　　(b)边偏距类型对话框　　　　　(c)通过边偏距生成椭圆

图 5-40　通过边偏距生成椭圆

图 5-41　设置曲面偏移数值和斜度数值

，然后点击操控面板上的"选项"，系统弹出如图 5-42(b)所示的"选项"对话框，将"侧面轮廓"选项改为"相切"。再单击"参照"，在弹出的"参照"对话框中，点击"定义"按钮，选择椭圆柱上端面作为草绘工作平面，进入草绘功能。

（6）在草绘功能中，仍然单击偏移图标　，通过边偏距来生成椭圆，使用"环"类型，输入偏移数值 0，生成如图 5-42(c)所示的椭圆，然后单击图标　完成并退出草绘。

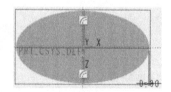

(a)椭圆柱底面偏移结果　　(b)曲面偏移"选项"对话框　　　(c)生成的椭圆

图 5-42　通过边偏距生成椭圆

（7）系统返回"曲面偏移"操控面板后，将偏移数值修改为 15，斜度数值修改为 5°，然后点击图标　，即可得到如图 5-38(a)所示的立体。

2. 曲面修剪

曲面修剪是指用平面或曲线对曲面进行修剪或分割，"编辑"工具栏中的修剪图标为　。要使用该功能，必须先绘制一条曲线或一个曲面。该功能用其他曲面或者基准平面与所选曲面的交线作为修剪边界，或者使用位于所选曲面上的基准曲线作为边界。如果是对曲线进行修剪，则用所选曲线与其他曲面或者曲线的交点作为分割点。

使用修剪功能的一般步骤如下：

（1）选取要修剪的曲线或面组；

（2）单击"编辑"工具栏中的修剪图标 🔄 ，系统弹出"修剪"操控面板；

（3）选取修剪对象；

（4）确定保留侧；

（5）单击预览图标 👓 ，查看结果是否正确，如果正确，则单击图标 ✔ 退出。

对曲面修剪功能介绍如下。

（1）新建一个零件文件，建立如图 5-43（a）所示的拉伸曲面，该曲面的草绘截面的放置工作平面是 FRONT 基准面。单击曲面图标 🔲 ，拉伸方式选择双侧图标 🔲 ，拉伸高度是 200。

（2）单击"基准"工具栏上的草绘图标 〰 ，在 TOP 基准面上绘制如图 5-43（b）所示的椭圆，然后退出草绘。

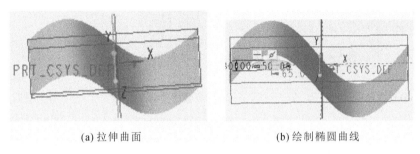

(a) 拉伸曲面　　　　　　　　　(b) 绘制椭圆曲线

图 5-43　曲面修剪

（3）选择刚绘制的椭圆（可按住鼠标中键旋转视图，以便看见椭圆），椭圆显示为绿色，如图 5-44（a）所示。然后单击"编辑"工具栏中的投影图标 📐投影 ，系统弹出如图 5-45 所示的"投影"操控面板，直接选择刚生成的拉伸曲面，再点击图标 ☑ ，即可生成位于该拉伸曲面上的"投影"曲线，如图 5-44（b）所示。

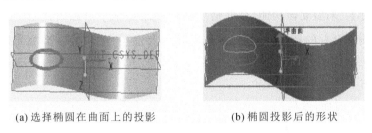

(a) 选择椭圆在曲面上的投影　　　　　　(b) 椭圆投影后的形状

图 5-44　曲面投影

图 5-45　"投影"操控面板

（4）接下来，选择拉伸曲面，该曲面显示为绿色，再单击"编辑"工具栏中的修剪图标 🔄 ，单击刚生成的"投影"椭圆曲线，系统则弹出"曲面修剪"操控面板，如图 5-46 所示，其中"剪刀"图标 ✂ 选择 1 个项 用来修剪曲线或曲面，这时我们选择椭圆，出现如图 5-47（a）所示图形，紫色箭头所指一侧为保留的曲面，然后单击完成图标 ✔ ，即可在拉伸曲面上修剪出一个椭圆孔,如图 5-47(b)所示。如果通过切换图标 ![icon] 切换要保留的一侧,紫色箭头指向内侧,单击完成图标 ![icon],则只保留椭圆内部的曲面,如图 5-47(c)所示。

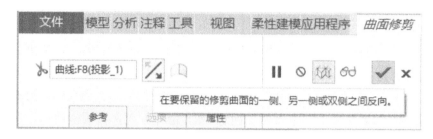

图 5-46　"曲面修剪"操控面板

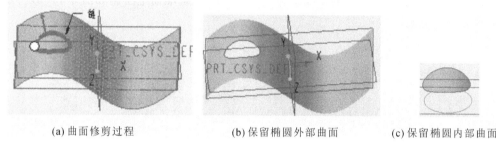

(a) 曲面修剪过程　　　　(b) 保留椭圆外部曲面　　　　(c) 保留椭圆内部曲面

图 5-47　曲面修剪后的结果

注意:曲面修剪操作中,可以通过切换图标 ![icon] 切换要保留的一侧;如果用曲线对曲面进行剪切,则要求曲线位于曲面上;如果需要用曲面对曲面进行剪切,则要求两曲面相交,否则会出现特征"重新生成失败"对话框。

3. 曲面合并

曲面合并指将两个曲面片合并,这两个曲面片必须是相邻或相交的。使用"编辑"工具栏中的合并图标 ![icon] 来启动该功能,合并后生成的面组是一个单独的面组,与两个原始的面组一致。如果删除合并的特征,原始面组仍保留。要使用合并功能,必须先选择两个曲面,否则合并图标呈灰色不可用状态。

创建曲面合并的一般步骤如下:

(1) 选取两个曲面,然后启动合并功能 ![icon]（选取的第一个曲面的名称将作为合并后的面组的名称）,"合并"操控面板如图 5-48 所示;

(2) 确定合并方法,在"选项"对话框里选择,要么"相交",要么"连接";

(3) 确定相交两曲面各自要保留的一侧或相连两曲面中的一个曲面的保留一侧,通过图标 ![icon]![icon] 来切换;

(4) 点击"参考",在"参考"对话框里单击图标 ![icon],可以将选定的面组置顶,或单击图标 ![icon] 将选定的面组上移,单击图标 ![icon] 将选定的面组下移;

(5) 单击操控面板上的图标 ![icon],完成合并功能。

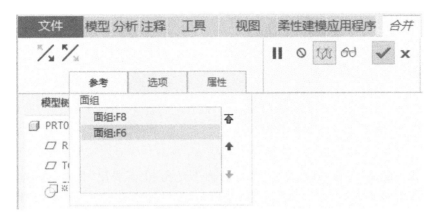

图 5-48 "合并"操控面板

如图 5-49(a)所示为曲面合并的实体,其合并操作的步骤如下。

(1) 新建一个零件文件,点击拉伸图标,出现"拉伸"操控面板,单击图标 $\square$,准备生成椭圆柱曲面。将草图工作平面设在 TOP 基准面上,绘制长、短轴半径分别为150 和80 的椭圆,圆心和坐标原点重合,退出"草绘"后,点击"拉伸"操控面板上的"选项",系统弹出"深度"对话框,选择"封闭端"选项 $\boxtimes$ 封闭端 ,将拉伸深度设置为200,然后单击图标 $\checkmark$,完成并退出拉伸功能,即得到如图 5-49(b)所示的封闭的曲面。注意:检查一下,生成的不是实体。

(2) 仍然使用拉伸功能来生成上部的曲面,单击"拉伸"操控面板上的曲面图标 $\square$,绘制样条曲线后,将"拉伸"选项设置成"双向对称"拉伸,深度数值设置为150,然后退出拉伸功能,即生成如图 5-49(c)所示的横向曲面。

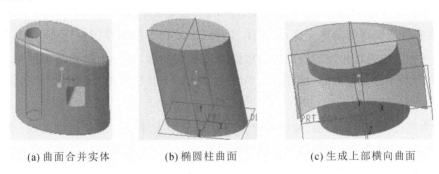

(a) 曲面合并实体   (b) 椭圆柱曲面   (c) 生成上部横向曲面

图 5-49 曲面合并(1)

(3) 选择刚生成的两个曲面,二者都显示为绿色,此时可看到工具栏上曲面合并功能图标由 $\square$ 变为 $\square$,单击此图标,系统弹出如图 5-48 所示的"合并"操控面板,单击图形区中的紫色箭头或点击图标 ,可以切换保留方向,如果方向正确单击完成图标 $\checkmark$,即可得到如图 5-50 所示的结果。

(4) 用同样的办法生成如图 5-51 所示的方形拉伸曲面。草图截面如图 5-51(a)所示,形状大致接近即可,尺寸不需要很准确。

(5) 对刚才生成的合并特征和方形拉伸曲面进行"合并"操作。选择这两个特征,单击图标 $\square$,再单击图形区中的紫色箭头或图标 ,切换保留方向,使得要保留部分如图 5-51(b)所示。点击图标 $\checkmark$,即可得到如图 5-51(c)所示的结果。

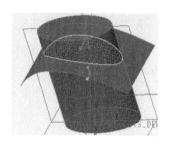
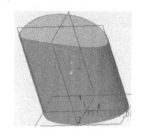

图 5-50　曲面合并(2)

（6）曲面不能使用"孔"特征方法，要在曲面上开孔，也需要用"合并"曲面的方法。先"拉伸"一个圆柱曲面再"合并"，如图 5-51(d)所示，然后对相关的边缘进行"倒圆角"，可以得到如图 5-51(e)所示的曲面。

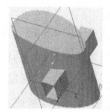
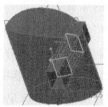
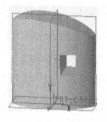
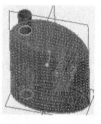

(a) 生成方形拉伸曲面　(b) 方形拉伸曲面　(c) 第二次曲面合并结果　(d) 曲面挖孔　(e) 倒圆角后的曲面

图 5-51　曲面合并(3)

4. 实体化

生成曲面片后，一般要将曲面片变为实体。变成实体有两种方法，一个是沿着曲面法向拉伸，生成有一定厚度的薄壁实体，可使用"编辑"工具栏中的加厚图标 ⊏ 来完成曲面的加厚。另外一种方法是将封闭的表面内围成的空间变成实体，这封闭的表面可能是一个曲面片，或多个曲面片合并形成的，这种方法是使用"编辑"工具栏中的"实体化"功能实现的，实体化图标为 ⌀ 。

加厚功能可将选定的曲面"加厚"，也可以从模型中去除掉这部分薄壁材料。使用这个功能，需要首先选择曲面，然后确定是添加还是移除材料，再定义"加厚"几何的厚度方向和加厚数值，有三个厚度方向可以选择。"加厚"操控面板如图 5-52 所示。

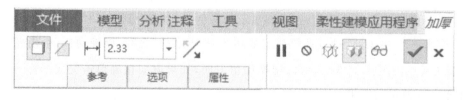

图 5-52　"加厚"操控面板

实体化功能可将预定的曲面转换为实体。这个转换有可能是添加材料（使用曲面特征或面组几何作为边界），也有可能是移除（使用所选曲面作为边界）或替换（用所选曲面代替已有实体的部分表面）实体材料。使用这个功能首先要选择一个曲面特征或面组，再点击"实体化"图标，在弹出的"实体化"操控面板中确定实体化方法：添加实体材料图标为 □ 、移除实体材料图标为 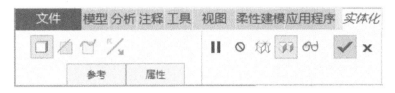、替换表面图标为 ，然后定义几何的材料方向。"实体化"操控面板如图 5-53 所示。

图 5-53　"实体化"操控面板

5.6　曲面造型举例

下面我们结合如图 5-54 所示的电风扇模型,来介绍叶片(曲面片)的"加厚"功能。

(1) 新建一个零件文件,在 TOP 基准平面上建立"双向对称拉伸"的圆柱,直径为 100,总高度为 60。圆柱的轴心线通过缺省坐标系原点。

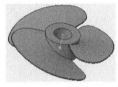

图 5-54　电风扇

扫码可看
视频演示

(2) 点击"基准平面"图标 ，创建两个关于 TOP 基准平面对称的"基准平面",二者到 TOP 基准平面的距离都是 25。这上下两个基准平面的缺省名称分别为 DTM1 和 DTM2。

(3) 单击草绘图标 ，在 DTM1 基准平面上绘制如图 5-55(a)所示的直线,长度为 100,起点位于圆柱面上,该直线实际上也位于 FRONT 基准平面上。

(4) 再次单击草绘图标 ，在 DTM2 基准平面上绘制如图 5-55(b)所示的第二根直线,两根直线在 TOP 面上的正投影夹角为 120°,长度都是 100,起点都在圆柱面上。

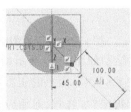
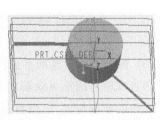

(a) 起点位于圆柱面上的第一根直线　(b) 第二根直线的草绘尺寸　(c) 第二根直线的空间位置

图 5-55　起点位于圆柱面上的两根直线

(5) 在 DTM1 基准平面内绘制如图 5-56 所示的圆弧,圆心与圆柱的轴心线投影重合,注意圆弧的两端点与刚画的两根直线的端点或端点投影要重合。这一点一定要保证。为了保证重合需要对两直线设置"参考",单击"设置"工具栏中的图标 ，再单击需要参考的图元。

(6) 在 DTM2 基准平面上绘制如图 5-57 所示的小圆弧,同样的,要保证圆弧的两端点与两根直线的端点或端点投影重合。为了保证重合需要对小圆进行"投影",单击"草绘"工具栏上的投影图标 ，再单击小圆的下半部分,对小圆进行"投影";再对直线设置"参考",单击"设置"工具栏中的图标 ，单击选择需要参考的图元。

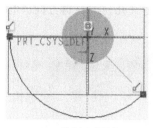

(a) 绘制大圆弧

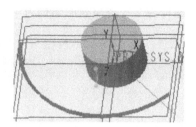

(b) 大圆弧的空间位置

图 5-56　绘制大圆弧

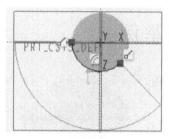

(a) 绘制小圆弧

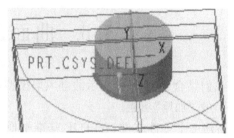

(b) 小圆弧的空间位置

图 5-57　绘制小圆弧

（7）在 FRONT 基准平面内绘制如图 5-58 所示的大斜线，斜线的两端点与两根直线的对应端点或端点投影重合。为了保证重合需要对两直线设置"参考"，单击"设置"工具栏中的图标 ，再单击需要参考的图元。

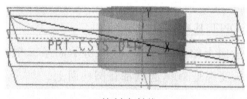

(a) 绘制大斜线

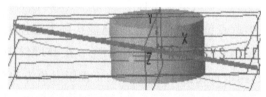

(b) 大斜线的空间位置

图 5-58　绘制大斜线

（8）在 FRONT 基准平面内绘制如图 5-59 所示的小斜线，仍然要注意保证斜线的两端点与两直线的对应端点或端点在 FRONT 面上的正投影重合。绘制完小斜线后如果需要查看小斜线的空间位置，可以打开"视图"工具栏，单击"模型显示"中的线框显示图标 。

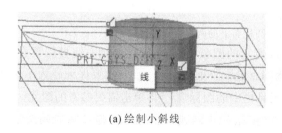

(a) 绘制小斜线

(b) 小斜线的空间位置

图 5-59　绘制小斜线

（9）选择大圆弧和大斜线（按住 Ctrl 键连选），再单击"模型"下的"编辑"工具栏中的相交图标 ，即可生成如图 5-60(a) 所示的大螺旋线，此时大圆弧和大斜线自动隐藏。

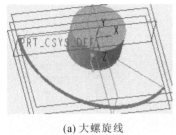
(a) 大螺旋线

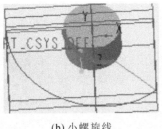
(b) 小螺旋线

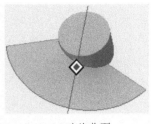
(c) 叶片曲面

图 5-60　叶片曲面

　　(10) 选择小圆弧和小斜线,用同样的方法生成如图 5-60(b)所示的小螺旋线。如果小斜线不方便选取,可在"模型树"上选取,或者点击"视图"工具栏上的"模型显示"图标 ,将视图改为"线框显示",以方便选取。

　　(11) 单击"曲面"工具栏中的"边界混合"图标 ,用刚生成的四根首尾端点相接的曲线生成曲面。如果对应的端点不重合,则不能生成相应叶片曲面。两螺旋线为"第一方向链线",两直线为"第二方向链线",结果如图 5-60(c)所示。

　　(12) 单击"模型"下的"曲面"工具栏中的"顶点倒圆角"图标 顶点倒圆角 ,打开"顶点倒圆角"操控面板,如图 5-61 所示,输入圆角半径 50,单击完成图标 ,即可得到如图 5-62(a)所示的大圆角。

图 5-61　"顶点倒圆角"操控面板

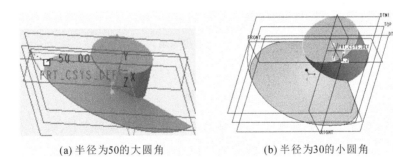
(a) 半径为50的大圆角　　　　　　　　(b) 半径为30的小圆角

图 5-62　倒圆角

　　(13) 用同样的方法生成如图 5-62(b)所示的半径为 30 的小圆角。

　　(14) 叶片曲面形成后,就可以对它进行加厚了。选择该曲面,单击"编辑"工具栏中的"加厚"图标 加厚 ,系统即弹出如图 5-63(a)所示的"加厚"操控面板,将加厚数值设置为 3,单击图标 ,将加厚方式切换为双向对称加厚。单击完成图标 ,即得到加厚后的叶片,如图 5-63(b)所示。

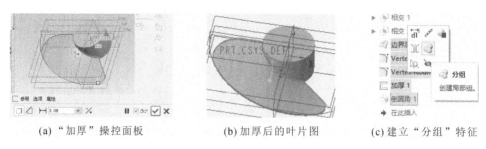

(a)"加厚"操控面板　　　(b) 加厚后的叶片图　　　(c) 建立"分组"特征

图 5-63　加厚叶片

（15）对叶片的两个边缘倒圆角，单击"工程"工具栏中的"倒圆角"图标 $\boxed{\text{倒圆角}}$ ，输入半径值 1.2，用鼠标选取叶片表面的上下两条棱线，就可以对边缘倒圆角了。

（16）在特征树上连选边界混合特征、两个顶点倒圆角特征、加厚和倒圆角特征，然后按住右键不放，直到弹出如图 5-63（c）所示的菜单，选择"分组"图标 ，创建局部分组，生成"组"特征。

（17）在特征树上选择刚生成的"组"特征 $\boxed{\text{LOCAL\_GROUP}}$ ，然后在"编辑"工具栏中单击"阵列"图标 ，系统弹出"阵列"操控面板，打开操控面板上的"尺寸"下拉列表，选择"轴"，然后选择圆柱面的轴心线，将阵列个数设为 3，角度修改为 120°，如图 5-64（a）所示，再直接点击图标 ，即可生成如图 5-64（b）所示的三叶电风扇。

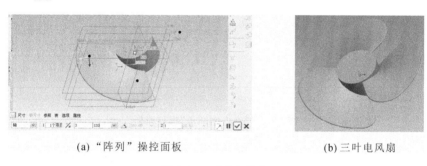

(a)"阵列"操控面板　　　　　　　(b) 三叶电风扇

图 5-64　三叶电风扇

习　题

5-1　创建如图 5-65 所示的螺钉零件，螺纹尺寸轮廓要符合国家标准。

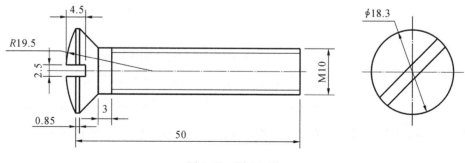

图 5-65　题 5-1 图

5-2　如图 5-66 所示，创建生活中常见的曲面立体，如花瓶、火炬、克莱因瓶、手电筒、鼠标等。

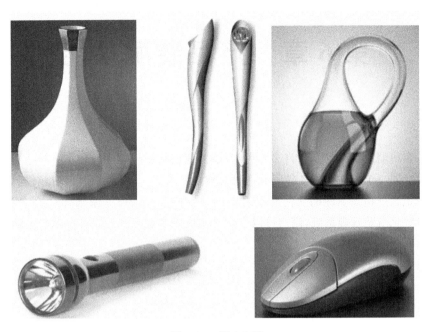

图 5-66　题 5-2 图

第6章　产品装配功能

任何一台机器或部件都是由许多零件组成的,我们将机械零件组装在一起,成为一部机器或一个部件。同一个部件上的零件间有两种相对位置关系——固定和可以相对运动。这些相对位置关系是通过相关零件的几何元素之间的一定的几何约束关系来确定的。Creo中采用的是一个参数化组装管理系统,用户可以自定义生成一套装配系列并可自动地更换零件。

6.1　装 配 放 置

1. 进入装配模式

进行装配设计,需要新建一个零件装配元件。单击"文件"菜单中的"新建"按钮,弹出"新建"对话框。在"类型"选项组中选择"装配"单选项,在"子类型"选项中选择"设计"单选项,在"名称"文本框中输入文件名或接受默认的文件名,并取消勾选"使用默认模板"复选框,如图6-1(a)所示,单击"确定"按钮,进入"新文件选项"对话框。在该对话框的"模板"选项中选择"mmks_asm_design"或"mmns_asm_design"选项,如图6-1(b)所示,单击"确定"按钮,进入零件装配主界面,如图6-2所示。

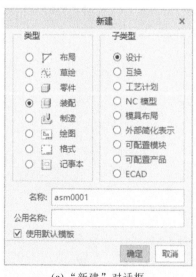

(a)"新建"对话框

(b)"新文件选项"对话框

图6-1　"新建"装配元件

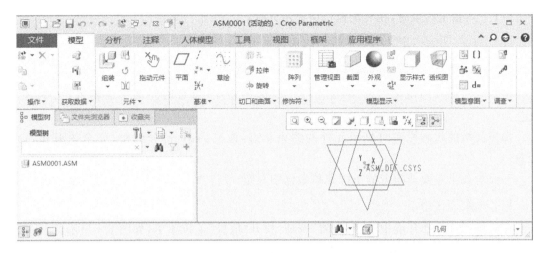

图 6-2　零件装配主界面

2."元件放置"操控面板

在零件装配主界面下的"元件"工具栏中有两个很重要的按钮:"组装"按钮 和"新建元件"按钮 。单击"组装"按钮,选择"打开"一个零件后,系统弹出"元件放置"操控面板,将元件添加到装配中来,如图 6-3 所示。

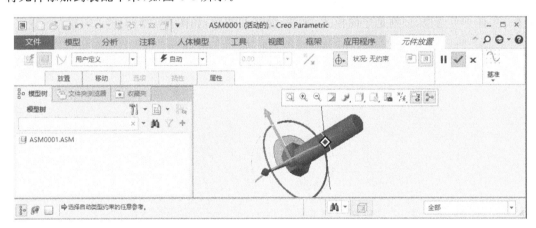

图 6-3　"元件放置"操控面板

"元件放置"操控面板上有"放置""移动""选项""挠性"和"属性"五个选项卡,还有相关的图标,其中操控面板中各图标的含义如下。

(1) :使用界面放置元件;

(2) :手动放置元件;

(3) :将用户定义集转换为预定义集,或相反;

(4) :更改约束方向;

(5) :打开或隐藏 3D 拖动;

(6) :指定约束时,在单独窗口中显示元件;

（7）▣:指定约束时,在装配窗口中显示元件;

（8）用户定义：定义机构连接的约束关系类型;

（9）⚡自动：定义固定的元件装配约束关系类型;

（10）0.00：定义约束"匹配"/"对齐"时的距离,重合时距离不需输入,文本框为灰色。

操控面板的状态栏实时显示元件的约束状态:没有约束、部分约束、完全约束和约束无效。

下面对几个重要选项卡的下拉菜单做详细介绍。

1）"放置"下拉菜单

在放置元件操作环境中选择"放置"选项,打开"放置"下拉菜单,如图 6-4 所示。其主要作用是设置元件与元件间的约束条件,并检查目前的装配状态。

（1）创建新约束集:创建约束,以定义元件至完全约束状态。

（2）设置约束类型:元件的约束类型包括自动、匹配、对齐等。

（3）对元件进行偏移:包括重合、定向和偏距三种类型。

2）"移动"下拉菜单

当元件的位置不理想时,需要利用"移动"下拉菜单对元件位置进行调整。当"移动"下拉菜单处于活动状态时,将暂停所有其他元件的放置操作。激活"运动类型"旁边的下拉列表框,共有 4 个选项,分别是定向模式、平移、旋转和调整,如图 6-5 所示。

图 6-4 "放置"下拉菜单　　　　图 6-5 "移动"下拉菜单

（1）定向模式:激活"定向模式",此时可按住鼠标中键以选定的运动参照为中心对元件定向。

（2）平移:确定元件的运动类型为平移方式,此时可按住鼠标左键以选定的运动参照平移元件。该选项为系统默认选项。

（3）旋转:确定元件的运动类型为旋转方式,此时可按住鼠标左键以选定的运动参照旋转元件。

（4）调整:将元件与装配体的某个参照图元对齐,它并不是约束,只是非参数性地移动元件的方式。

3. 约束装配

约束装配是最基本的约束形式。对于任何一个零件,都可以通过定义若干个放置约束条件来将它装配到元件中。在装配过程中，系统会自动提示该零件当前处于何种约束状态，例如，处于完全约束状态、不约束状态、过约束状态等。

约束装配的主要类型有：距离、角度偏移、平行、重合、法向、共面、居中、相切、固定和默认等 10 种情况。单击操控面板中的图标 自动 ，可以对装配约束类型进行定义，如图 6-6 所示。"自动"是系统根据所选择的元件和元件的几何元素自动适用这 10 种约束类型。

图 6-6　约束装配类型

对约束类型的含义的介绍如下。

（1）"自动"　自动：元件参考相对于装配参考自动放置。

（2）"距离"　距离：使元件侧的参考图元与装配侧的参考图元互相平行，通过输入间距值控制平面之间的距离。

（3）"角度偏移"　角度偏移：使元件侧的参考图元与装配侧的参考图元成一定角度，通过输入偏移角度数值来控制，但位置可以在指定的角度内平移。

（4）"平行"　平行：使元件侧的参考图元与装配侧的参考图元互相平行，可以通过移动来改变它们之间的距离，但是不能输入具体的距离数值。

（5）"重合"　重合：使元件侧的参考图元与装配侧的参考图元重合在一起。如果是两个"平面"重合，则可以在平面内平移，但是两个平面必须贴合在一起。如果是两"轴线"重合，则沿着"轴线"方向平移。

（6）"法向"　法向：使元件侧的参考图元与装配侧的参考图元互相垂直，但是垂直的位置不确定。

（7）"共面"　共面：元件参考与装配参考共面，两个平面重合，法线方向相同。

（8）"居中"　居中：元件参考与装配参考同心。

（9）"相切"　相切：元件参考与装配参考相切。

（10）"固定"　固定：将元件固定到当前位置。

（11）"默认"　默认：在默认位置组装元件。

4. 连接装配

连接装配主要适用于可以实现运动的机构、产品或相关的部件，也就是说，对于具有一定运动自由度的零部件，可以采用"连接装配"的方式来进行装配。严格来说，连接装配是一个使用预定义约束的约束集,例如,"销连接"装配需要分别定义两组约束:一组轴对齐约束和一组平移约束。

机构连接约束主要用于装配具有相对运动关系的元件。在对运动机构进行仿真与分析之前,必须先建立各运动副之间的机构连接关系。共有 12 种机构连接关系:"刚性""销""滑块""圆柱""平面""球""焊缝""轴承""常规""6DOF""万向"和"槽"。单击操控面板中的图标 用户定义 可以定义"机构连接"的装配约束类型,如图 6-7 所示。

图 6-7　连接装配约束类型

(1)"刚性"连接 刚性 :使用预定义的约束定义刚性约束集,自由度为 0,元件和元件完全没有相对运动,连接后元件与元件成为一个主体。

(2)"销"连接 销 :需要定义两个约束,一个是"轴对齐"约束,可以实现绕轴线的旋转,另一个是"平移"约束,限制沿轴线的移动,元件可以绕轴旋转。

(3)"滑块"连接 滑块 :允许元件沿着一根轴线移动,但不能绕该轴线旋转。

(4)"圆柱"连接 圆柱 :允许两个元件绕一根轴线做相对旋转运动以及沿着该轴线的相对直线运动。

(5)"平面"连接 平面 :允许两个元件做一个平面内的任意相对平移运动,自由度为 3。

(6)"球"连接 球 :允许两个元件存在绕通过指定点的任一轴线的相对旋转运动,但不能有任何的相对平移。

(7)"焊缝"连接 焊缝 :两个元件通过两个坐标系完全重合来约束,自由度为 0。

(8)"轴承"连接 轴承 :两个元件可以绕一点自由旋转,该点则可沿一指定轴线移动,自由度为 4。

(9)"常规" 常规 :指根据用户限定的约束条件来计算自由度。

(10)"6DOF"(degree of freedom) 6DOF :指定两个坐标系后,两个元件可做任意相对运动,自由度为 6。因为未响应任何约束,元件的坐标系与元件中的坐标系对齐,X、Y、Z 元件轴是允许旋转和平移的运动轴。

(11)"万向"连接 万向 :两个元件通过两个坐标系原点完全居中重合来约束,万向约束有 6 个自由度。

(12)"槽"连接 槽 :包含一个"点对齐"约束,允许沿着一条非直线的轨迹旋转,此连接有 4 个自由度,其中 3 个方向上遵循轨迹运动。

6.2　装配编辑功能

在装配模式下修改元件时,只需在元件环境中用鼠标左键单击模型树中的某一元件,然后再单击鼠标右键,这时会弹出编辑操作快捷菜单。利用该菜单可以对元件进行各种修改操作。在"模型"装配界面下,也可以从"操作"工具栏中找到对装配图元的编辑功能,如图 6-8 所示。

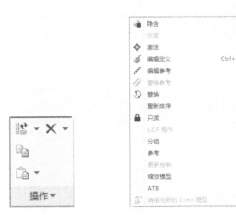

(a) "操作"工具栏　　(b) "操作"下拉工具栏　　(c) "操作"快捷工具栏

图 6-8　装配"操作"工具栏

1. 移动和替换

"移动"图标 ：将现有图元移动到新子装配集中。

"替换"图标 ：替换选定的元件。

2. 复制与粘贴

"复制"图标 ：把所选择的内容文件复制到剪贴板。

"粘贴"及"选择性粘贴"图标 ：通过设置方向、距离和数量等参数,建立一系列相同特征、相同参数的元件。

3. 删除

"删除"图标 ✗ ：从元件中去除选定的元件。

实现元件删除功能有两种方法,一种是在模型树中直接选择要删除的元件,单击鼠标右键弹出快捷菜单,选择"删除"选项来删除元件。另一种是在"操作"工具栏中选择"删除"图标 ✗ ，并根据不同的设计需要使用不同的功能进行删除操作,如图 6-9 所示。

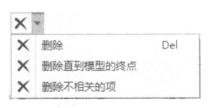

图 6-9　"删除"下拉工具栏

装配编辑功能还有很多,大家根据名称及系统的提示可以很容易理解,此处就不一一讲述了。

6.3　装　配　举　例

首先单击"文件"菜单下的"新建"图标,建立如图 6-10(a)所示的轴承座整体零件。进入"模型"空间,单击"基准"工具栏上的"草绘"图标绘制图形,其截面尺寸如图 6-10(b)所示。两圆柱面直径分别为 100 和 200,底板厚 50,轴心线距离底板高 150,底板宽 300,完成草绘后,选择"拉伸"图标,拉伸高度为 200,完成简化轴承座整体零件。

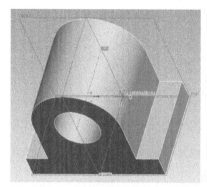

扫码可看
视频演示

(a) 轴承座整体零件　　　　　　　　　　(b) 轴承座截面尺寸

图 6-10　简化轴承座整体零件

接着在该零件中建立一个如图 6-11(a)所示的拉伸曲面,单击"基准"工具栏上的"草绘"图标绘制图形,绘制 5 条直线,直线的截面尺寸如图 6-11(b)所示。图中尺寸分别为 150、80、20 和 10。拉伸高度为 300。

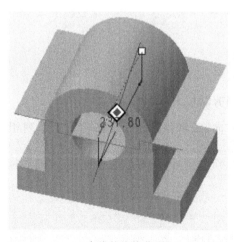

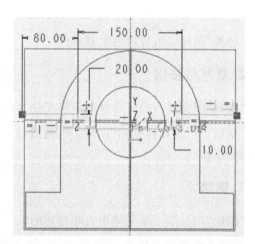

(a) 直线的拉伸曲面　　　　　　　　　　(b) 直线的截面尺寸

图 6-11　一个拉伸曲面

选择刚生成的"拉伸曲面",单击"编辑"工具栏中的"实体化"图标 ,在"实体化"操控面板中单击图标 ,然后单击图标 。接着打开"文件"下拉菜单,选择"另存为"中的"保存副本",零件名取为"底座","底座"零件如图 6-12(a)所示。

接下来,在"模型树"上选择特征"实体化 1",单击鼠标右键,选择"编辑定义"图标 🖌,进入"实体化"操控面板,单击"切换方向"图标 🔀,切换剪切材料的方向,可以看到窗口中模型切换到"上盖"模型,单击图标 ✅ 完成实体化,并退出实体化功能。再单击"视图"工具栏中的图标 ◉ ⌄ 可以将模型颜色改成其他颜色,如绿色。接着打开"文件"下拉菜单,选择"另存为"中的"保存副本",零件名取为"上盖","上盖"零件如图 6-12(b)所示。

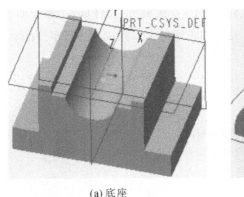
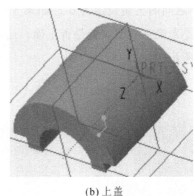

(a)底座　　　　　　　　　　　　　　　　(b)上盖

图 6-12　生成两个零件

现在将"底座"和"上盖"两个零件装配起来。操作步骤如下。

(1) 打开"文件"下拉菜单,单击"新建",创建一个装配文件。单击"元件"工具栏中的"组装"图标,找到并打开"底座"零件,进入"元件放置"工具栏,直接使用缺省设置,或选择"固定"图标 ⚓ 固定,然后单击图标 ✅ 完成"底座"零件的放置。

(2) 用同样的方法,打开"上盖"零件,载入零件。如图 6-13(a)所示,"上盖"零件上有三根彩色的坐标轴(红色、绿色和蓝色)及三个彩色的圆,分别代表沿着 X、Y、Z 三个方向移动和转动。例如将鼠标指针放在红色的坐标轴上,按住鼠标左键的同时移动鼠标,将拖动"上盖"零件沿着 X 轴左、右移动。如果将鼠标指针放在蓝色的圆上,按住鼠标左键的同时移动鼠标,将拖动"上盖"零件绕着 Z 轴旋转。下面使用三个约束把两个零件装配起来。

首先,分别选择两个零件上的孔圆柱面,打开"元件放置"操控面板中的"放置"下拉菜单,可以看到"用户定义集"的第一个"重合"约束,在绘图区域可以观察到图 6-13(b)所示的结果,可见两个零件并没有完全相对固定。

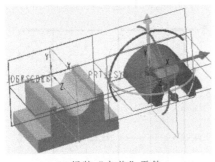
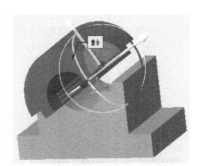

(a)组装"上盖"零件　　　　　　　　　　　(b)两轴线"重合"约束

图 6-13　第一个约束

接下来增加第二个约束。分别选择两个零件的前端面,系统自动生成第二个约束,打开"元件放置"操控面板中的"放置"下拉菜单,可以看到第二个"重合"约束,这时系统提示"约束状态"为 状况: 完全约束,结果如图 6-14(a)所示,两零件的位置不完全正确。

现在增加第三个约束。由于系统提示"约束状态"为"完全约束"状况,因此必须单击操控面板上的"放置"下拉菜单中的"新建约束",如图 6-14(b)所示;再分别选择"底座"的上端面和"上盖"的下端面(需要匹配的两个平面),选择"重合"约束,或者选择"角度偏移"约束,将两个平面之间的夹角设定为 0°。如果方向反了,直接单击"元件放置"操控面板中的切换方向图标 来观察模型放置是否正确。最后单击图标 ,完成"上盖"零件的放置,结果如图 6-14(c)所示。

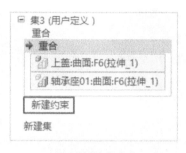
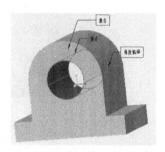

(a) 两端面"重合"　　　　　　(b)"新建约束"　　　　　　(c) 装配结果

图 6-14　装配元件

(3) 在模型树上选择"底座"零件,然后单击鼠标右键,再单击"编辑定义"图标 ,系统打开"元件放置"操控面板,重新修改"底座"零件的放置方式。如果"底座"是无约束状态,可以改成"坐标系对齐"方式,打开"自动" 下拉列表 ,选择"默认"图标 ,系统将默认"坐标系"重合,然后单击"元件放置"操控面板中的图标 ,完成"底座"零件的完全约束放置。

(4) 在"底座"零件上加两个孔特征。在模型树上,选择"底座"零件,单击鼠标右键,再单击"打开"图标 ,系统将在新窗口中打开本模型。系统另开一个窗口,显示"底座"零件。打开"模型"工具栏,单击"拉伸"图标,在操控面板中选择"移除材料"图标,建立如图 6-15(a)所示的两个通孔,也可以用"孔"工具来完成,草图尺寸如图 6-15(b)所示,尺寸分别为 250、30 和 100。保存文件,然后关闭"底座"零件文件窗口,返回装配文件窗口。

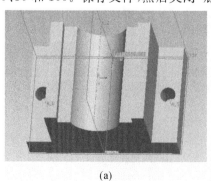

(a)　　　　　　　　　　　　(b)

图 6-15　在"底座"上加两个通孔

（5）新建一个简化螺栓零件，并在装配图中装入两个这样的零件。单击"元件"工具栏中的"创建元件"图标 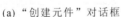，系统弹出如图 6-16(a)所示的"创建元件"对话框，将名称修改为"螺栓"，再单击"确定"按钮。接下来弹出"创建选项"对话框，如图 6-16(b)所示，直接选择"创建特征"，单击"确定"，进入"螺栓"模型的创建窗口。

(a)　"创建元件"对话框　　　　(b)　"创建选项"对话框

图 6-16　元件创建对话框

（6）创建一个通过"底座"上两孔轴心线的基准平面。点击"基准平面"生成图标 ▱，单击一个孔的轴心线，然后按住键盘上的 Ctrl 键不放，再点击另外一个孔的轴心线，松开 Ctrl 键，点击"基准平面"对话框中的"确定"按钮，即可生成所要求的"基准平面"。

（7）单击"模型"下的"形状"工具栏中的"旋转"图标 ◈，选择刚生成的基准平面作为草绘平面，根据图 6-17(a)所示的草图尺寸（可以参考底座的尺寸），生成如图 6-17(b)所示的简化螺栓。这就是"在位设计"的"螺栓"，可以对它进行"外观"颜色的修改，也可以保存文件。

（8）关闭"螺栓"的模型界面，进入"装配"界面，选择刚刚生成的"螺栓"零件，点击鼠标右键找到"镜像"图标 ◫，或者在"元件"工具栏中找到"镜像"图标，选择"底座"正中间的平面作为"镜像平面"，然后单击"确定"完成另一边"螺栓"的装配，如图 6-17(c)所示。

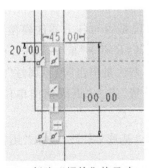
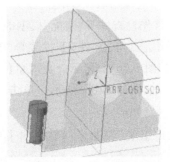

(a)创建"螺栓"的尺寸　　　(b)装入第一个"螺栓"　　　(c)装入第二个"螺栓"

图 6-17　创建简化螺栓零件

6.4 机 构 连 接

本节以图 6-18 所示的连杆机构为例来介绍机构连接。首先分别建立如图 6-19 所示的四个模型零件,文件名字分别取为"基座""杆 00""杆 01""杆 02"。在图 6-18 中,三个杆从左至右分别为"杆 00""杆 01""杆 02"。

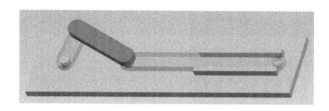

图 6-18 连杆机构装配

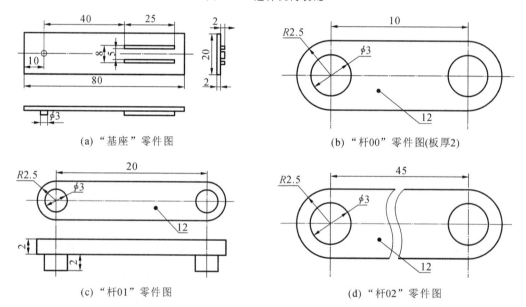

(a)"基座"零件图

(b)"杆00"零件图(板厚2)

(c)"杆01"零件图

(d)"杆02"零件图

图 6-19 零件图

(1)新建一个"装配"文件。首先检查一下"装配"模型的单位是否与各个零件模型所使用的单位一致,不一致则修改过来。点击"文件"下拉菜单"准备(R)"→"模型属性"→"单位",如果单位是"英寸磅秒",则如图 6-20(a)所示。更改单位的方法是单击"模型属性"工具栏中的"更改"进入"单位管理器",如图 6-20(b)所示。单击"设置"进入"更改模型单位"对话框,点选"解释尺寸",如图 6-20(c)所示。

(2)单击"元件"工具栏中的"组装"图标 ，找到并打开"基座"零件,进入"元件放置"工具栏,选择"固定"图标 ，或选择"默认"图标 ，然后单击图标 ✔ 完成"基座"零件的放置。

(3)插入第一个杆"杆 00"。单击"元件"工具栏中的"组装"图标 ，找到并打开"杆00"零件,进入"元件放置"工具栏,打开"连接装配"下拉框 ，选择"销连接"图

(a)"模型属性"对话框

(b)"单位管理器"对话框

(c)"更改模型单位"对话框

图 6-20　模型属性的更改

标 销,分别点击"杆00"的轴心线(或者孔圆柱面)和"基座"零件的小圆柱轴心线(或圆柱面),这时,两个零件自动沿所选轴心线对齐。"销连接"需要定义两个约束,现在再定义"平移"约束,分别点击"杆00"的上表面及"基座"上小圆柱的上表面,让它们"重合",也就是限定两个零件沿轴线方向不能有相对移动。如果方向反了,则点击图标进行方向切换。然后单击图标,得到如图 6-21(a)所示的结果(为方便观察,对三个杆进行了着色)。

(4)插入第二个杆"杆01",与插入第一个杆的方法一样。在"元件放置"工具栏中,打开"连接装配"下拉框 用户定义 ,找到"销连接"图标 销,"杆01"的小圆柱要放进"杆00"的小孔中。第二个杆与第一个杆也是"销连接"关系,结果如图 6-21(b)所示。如不方便选取,除可使用"移动"标签中的"平移"功能外,还可使用"旋转""定向模式"等功能来调整要插入元件与其他已插入部分的相对位置。在插入"杆01"之后,也可直接点击"视图"工具栏上的"拖动元件"按钮,然后选择"杆01",移动鼠标,可以看到"杆01"的位置变化。

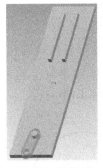

(a)插入"杆00"

(b)插入"杆01"

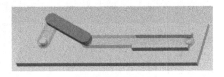

(c)插入"杆02"

图 6-21　三个杆的运动装配

(5)插入第三个杆"杆02"。"杆02"的小孔要与"杆01"的小圆柱头配合,两个零件也是"销连接"。在定义完销连接之后,需要再增加一个"平面连接"。打开"放置"下拉菜单,单击"新建集",在连接列表中新增加了一行,将缺省连接类型"销" 销 修改成"平面" 平面,然后分别选择"杆02"的侧平面和对应的"基座"上的长方形凸台的内侧面,再单击

图标 ，得到如图 6-21(c)所示的结果。可以单击"元件"工具栏上的"拖动元件"图标 ，然后选择任意一个杆，移动鼠标，观察一下这个连杆机构的运动情况。

6.5 挠性元件的装配

挠性元件是指在部件或产品中可以变形的零件，比如弹簧。一般按照如下步骤(在装配图中)定义挠性元件。

(1)在模型树上选择目标元件，然后单击鼠标右键，在弹出的菜单中选择"挠性化"；或者在图形区或模型树上选择目标元件，然后点击下拉菜单"编辑"→"挠性化"；或者点击下拉菜单"插入"→"元件"→"挠性"，打开目标元件。

(2)系统弹出"可变项目"对话框。

(3)单击对话框中的"特征"或"尺寸"标签。

(4)点击按钮 ，增加元件中可变的项目。

(5)选取特征或尺寸。

(6)点击"放置"按钮，定义挠性元件在装配体中的定位方式。

扫码可看
视频演示

下面以图 6-22 为例，介绍挠性元件的装配。

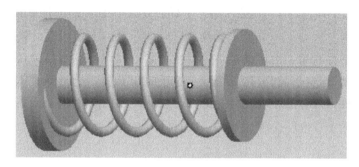

图 6-22 挠性元件装配

首先生成"底座"零件，其形状和尺寸如图 6-23(a)所示。基本形状可看作两圆柱叠加，直径分别为 70 和 20。大圆柱高度为 10，零件总长 170。请将大圆柱的草绘平面设置在 RIGHT 基准平面上。轴心线通过零件坐标系的原点，拉伸方向沿 X 轴正向。

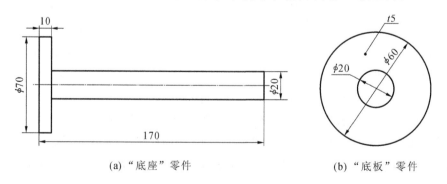

(a)"底座"零件   (b)"底板"零件

图 6-23 创建零件

再生成"底板"零件,其形状和尺寸如图 6-23(b)所示。内外圆柱面直径分别为 20 和 60,厚度为 5。

接下来生成弹簧。新建一个零件文件,名字取为"弹簧"。单击"形状"工具栏中"扫描"图标后面的箭头 ，选择"螺旋扫描"图标 螺旋扫描 ,系统弹出"螺旋扫描"对话框,并提示选择草绘平面;单击"参考"中的"定义"按钮,选择 FRONT 基准平面,绘制如图 6-24(a)所示的一根直线和中心线。然后单击"确定"退出"参考"模块,系统接着要求输入节距(螺距),在文本框 10.00 中输入节距 10。接下来单击"创建草绘截面"图标 ，系统再次进入"草绘"模块,在刚绘制的"扫引轨迹"的箭头端点处绘制直径为 5 的圆,圆心就是该端点,如图 6-24(b)所示。完成后退出草绘,直接单击对话框中的"确定"按钮,便可得到如图 6-25(a)所示的立体。

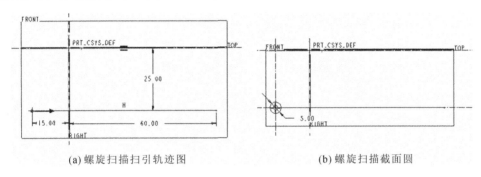

(a) 螺旋扫描扫引轨迹图　　　　　　　　(b) 螺旋扫描截面圆

图 6-24　螺旋扫描

接下来分别生成如图 6-25(b)所示的两个拉伸曲面,用于切除螺旋扫描上的多余部分。左边的平面在 RIGHT 基准平面上,右边的平面到 RIGHT 基准平面的距离为 50。分别选择这两个平面,然后单击"编辑"工具栏中的"实体化"图标 ，选择移除材料选项 ，通过切换方向图标 ，对刚生成的螺旋扫描特征进行切除,得到最后的弹簧形状如图6-25(c)所示。

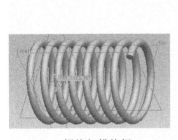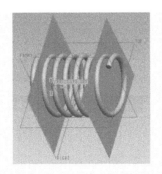

(a) 螺旋扫描特征　　　　　(b) 生成两个拉伸曲面　　　　(c) 切除螺旋扫描特征两端

图 6-25　生成弹簧

接下来,打开"工具"下拉菜单,单击选择"参数"命令 参数 ,系统弹出如图 6-26 所示的"参数"对话框,单击按钮 ，分别添加"quanshu"和"jieju"两个参数,数值分别为 5 和 10,然后单击"确定"退出"参数"对话框。

图 6-26 "参数"对话框

接下来，打开"工具"下拉菜单，单击选择"关系"命令 d= 关系，系统弹出"关系"对话框，然后在图形区中单击一下刚生成的模型，模型上就会出现参数，如图 6-27(a)所示。双击图形区中的尺寸 d8(对应着尺寸 60)、d2(对应着螺旋节距 10)和 d7(对应着切除螺旋扫描特征的两个拉伸面之间的距离 50)，在"关系"对话框中将出现这些尺寸符号，在文本编辑框中编辑如图 6-27(b)所示的关系式，然后退出对话框。

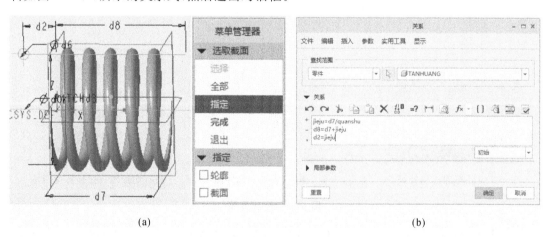

(a) (b)

图 6-27 定义尺寸和参数之间关系

下面生成如图 6-22 所示的装配图。新建装配文件，命名为"弹簧"，然后先装入底座再装入底板，底板和底座之间定义为"圆柱连接"。底板在弹簧之前插入。弹簧的两端面要分别与底座和底板的对应平面对齐，也要保证弹簧的轴心线与底座的轴心线对齐。

在元件文件的模型树中，选择弹簧零件，然后点击鼠标右键，在弹出的菜单中选择选项"挠性化"，系统弹出如图 6-28(a)所示的"可变项"对话框，同时系统提示"请选取尺寸所有者特征"，选择弹簧零件的右端平面，再点击尺寸 50，在对话框中，在"尺寸"下的第一个单元格里单击一下，对话框将如图 6-28(b)所示。点击"方法"下的"按值"的下拉列表箭头，选择选项"距离"，系统弹出如图 6-28(c)所示的"距离"对话框。分别点击弹簧装配时两端面所对着的底座和底板的端面，再关闭"距离"对话框，然后关闭"可变项"对话框，可以观察到弹簧的长度发生了变化。

(a)

(b)

(c)

图 6-28　使弹簧零件挠性化

在模型树上选择弹簧零件，然后单击"元件"工具栏中的"拖动元件"图标，拖动一下底板零件，移动至合适位置，可以观察到弹簧零件的长度变化。

6.6　装配分解功能

装配体装配完成后，可以对其位置进行编辑，可通过"分解视图"来显示元件中的各个零件。"视图"工具栏如图 6-29 所示。

图 6-29　"视图"工具栏

单击"模型显示"工具栏中的"分解视图"图标，则切换为"分解视图"，如果需要编辑位置则单击图标，系统打开"分解工具"操控面板，可以编辑分解元件的位置，如图 6-30 所示。

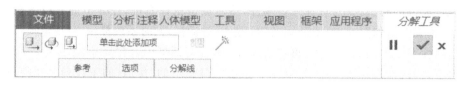

图 6-30　"分解工具"操控面板

1. 编辑位置

编辑位置是通过定向模式、移动或旋转等方式对元件位置进行调整。

（1）平移 ⬜ :可以对零件进行三个方向的平移操作。

（2）旋转 ⬭ :可以对零件进行旋转操作。

（3）视图平面 ⬜ :可以对零件进行沿着视图平面平移的操作。

2. 分解视图

分解视图是将元件按实际间隙自动分为若干个部分,以便清晰地反映各个部分之间的装配方向和关系。

3. 偏距线

当分解元件处于最终位置时,可使用偏距线来显示分解元件的对齐方式,然后在编辑分解状态时对其进行修改或删除。

4. 切换状态

切换状态指切换选定元件在分解视图中的分解状态。

习　　题

根据图 6-31 至图 6-36 所示的球阀的零件图生成三维实体,然后进行装配,生成装配体,并生成爆炸图。

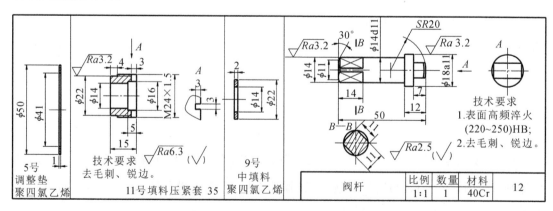

图 6-31　调整垫、填料压紧盖、中填料及阀杆零件图

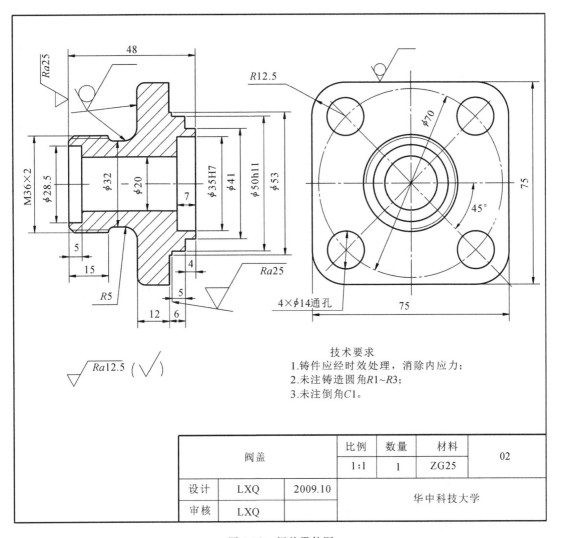

技术要求
1.铸件应经时效处理，消除内应力；
2.未注铸造圆角R1~R3；
3.未注倒角C1。

阀盖	比例	数量	材料	02
	1∶1	1	ZG25	
设计　LXQ　2009.10			华中科技大学	
审核　LXQ				

图 6-32　阀盖零件图

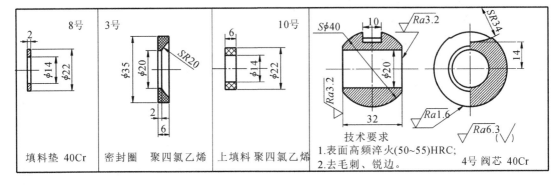

图 6-33　填料垫、密封圈、上填料及阀芯零件图

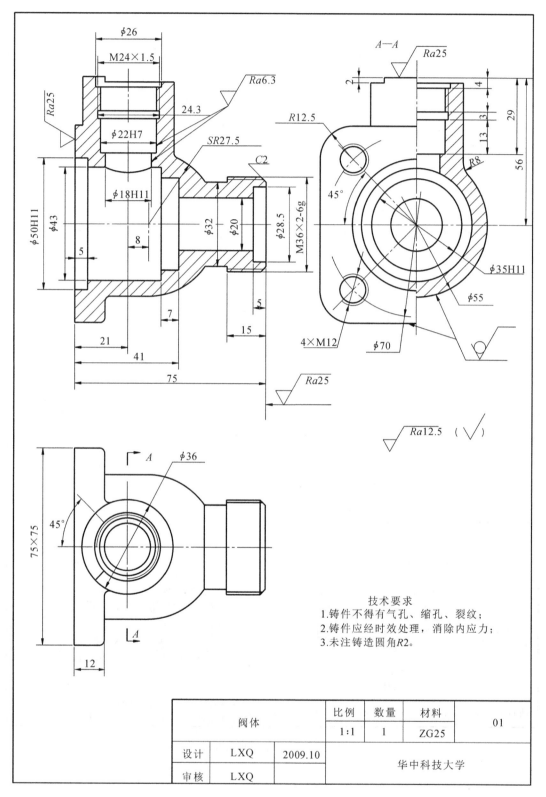

阀体		比例	数量	材料	01
		1:1	1	ZG25	
设计	LXQ	2009.10	华中科技大学		
审核	LXQ				

技术要求
1.铸件不得有气孔、缩孔、裂纹;
2.铸件应经时效处理,消除内应力;
3.未注铸造圆角R2。

图 6-34 阀体零件图

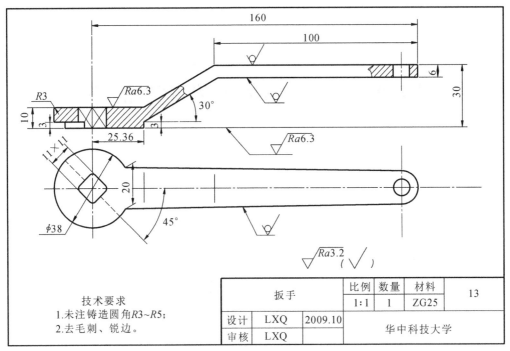

图 6-35 扳手零件图

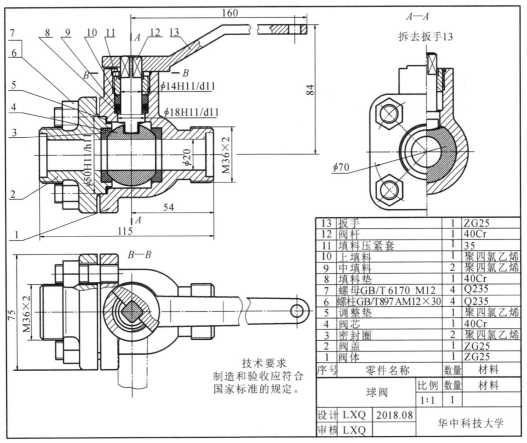

图 6-36 球阀装配图

第7章 二维工程图设计

二维工程图样在表达模型的细节和尺寸的时候,有着立体图所无法替代的优势。因而尽管采用三维设计,但还是有将三维模型直接投影生成二维工程图的需要。本章主要讲解生成二维工程图样内容的基本方法,如选择一定的投影方法和常用表达方法来生成一组视图,在工程图样上添加尺寸、制作表格等。

7.1 创建工程图文件

选择下拉菜单"文件"→"新建",或单击图标 ,新建一个绘图文件,出现如图 7-1(a)所示的对话框,进入绘图环境的步骤如下。

(1) 在"类型"选项组中选择"绘图"选项。

(2) 在名称栏中输入需要创建的草图文件的名称或接受默认的文件名。

(3) 在"新建"对话框中,取消勾选"使用默认模板"的复选框。

(4) 单击"确定"按钮,系统会弹出"新建绘图"对话框,如图 7-1(b)所示。

(a) "新建"对话框   (b) "新建绘图"对话框

图 7-1　新建绘图文件

（5）在"指定模板"下面，单击选项"空"，打开"标准大小"下拉列表，选择 A4 大小，再单击"确定"按钮，即进入工程图模块。

工程图模块的操作界面如图 7-2 所示。新界面提供了易于理解和访问的命令分组，命令分组也可以自定义，所有命令都分布在不同的命令选项卡上，有"布局""表""注释""草绘""审阅"等命令选项卡。

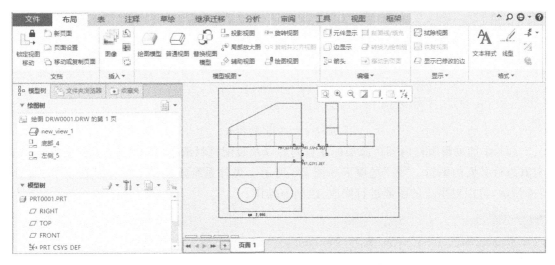

图 7-2　工程图模块的操作界面

确定工程图标准后，就可以进行视图的创建。首先需要创建一个基础视图，在基础视图的基础上再创建投影视图。基础视图与模型是相关联的，如果模型改变，工程图也将跟着改变。

在"布局"选项卡的"模型视图"工具栏中可以指定的视图类型有：普通视图、投影视图、局部放大图、辅助视图、绘图视图等，如图 7-3 所示。

图 7-3　"模型视图"工具栏

7.2　生　成　视　图

工程图的创建步骤如下。

（1）新建工程图文件。选择要创建的工程图零件或组件，选择工程图模板或格式文件等。

（2）修改工程图配置文件或选项。根据国家标准对工程图的标注和图样格式进行配置。

（3）创建工程图视图。视图是工程图的核心，工程图模块中具有多种视图表达方式，通过不同视图类型的组合来满足图样要求。

（4）添加尺寸标注和注释。系统提供了自动标注尺寸和手动标注尺寸两种方式，注释主要通过文字和符号来传递工程信息、技术要求和技术参数等。Creo 专门提供了"注释"选项卡，如图 7-4 所示。

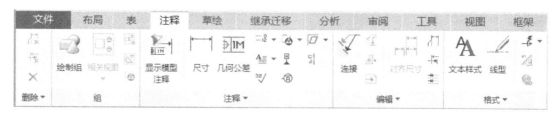

图 7-4 "注释"选项卡

（5）添加编辑表格内容。添加标题栏内容以及装配材料清单（BOM 表）等表格内容，并对其进行必要的编辑。"表"选项卡如图 7-5 所示。另外系统还提供了"草绘"选项卡，如图 7-6 所示，可以对生成的图形进行修改、绘制等操作。

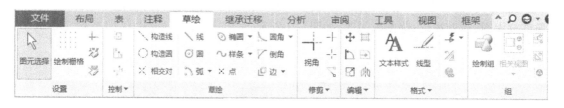

图 7-5 "表"选项卡

图 7-6 "草绘"选项卡

1. 外形视图

Creo 里缺省的投影方法是第三角投影，而我国使用的是第一角投影。

首先绘制如图 7-7 所示的零件，注意将长度单位修改为毫米。然后以此零件作为绘图文件的默认模型生成工程图文件。新建一个"绘图"文件（直接单击下拉菜单"文件"→"新建"，或单击图标 [新建]），在弹出的"新建"对话框中选择"绘图"选项，使用缺省设置，直接单击"确定"，接下来在"新建绘图"对话框中，也直接单击"确定"（即使用模板，使用刚绘制的零件作为模型来生成视图），可得到第三角投影方法生成的三视图，如图 7-8 所示。

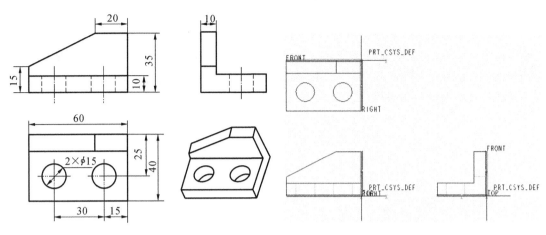

图 7-7 零件的三视图　　　　　　　　　　　　图 7-8 使用模板得到的三视图

　　下面将投影方法修改为第一角投影。单击下拉菜单"文件"→"准备"→"绘图属性",在弹出的菜单管理器中,单击选项"详细信息选项"的"更改",系统弹出如图 7-9 所示的"选项"对话框。单击"选项"的"projection_type",或在"选项(O)"下的文本编辑框中输入"projection_type",在"值(V)"栏目下可以看到该选项的缺省值是"third_angle",单击右侧的箭头图标▾,将其值修改为"first_angle",再依次单击"添加/更改"和"确定"按钮,即可以将投影方法由第三角投影更改为第一角投影。

图 7-9 将投影方法设置为第一角投影

　　单击图 7-3 所示"模型视图"工具栏中的创建普通视图图标▱(第一个视图只能是普通

视图),系统弹出"选择组合状态"对话框,如图 7-10(a)所示,选择"无组合状态"并单击"确定"。然后用鼠标左键在屏幕上单击一下,弹出如图 7-10(b)所示的"绘图视图"对话框,在"模型视图名"下拉列表中选择"FRONT",再单击"确定",可以看到插入的第一个视图由轴测图变成正投影图。更改"视图显示"由"跟随环境"到"隐藏线"就可以显示如图 7-10(c)所示的视图,再单击"应用"即可以退出"绘制视图"功能。

(a)"组合状态"对话框　　　(b)"绘图视图"对话框　　　(c)生成的主视图

图 7-10　创建"普通视图"

在视图被选中的情况下,可以生成它的投影视图,如俯视图和左视图。单击图 7-3 所示"模型视图"工具栏中的创建投影视图图标 投影视图 ,在主视图下方单击一下,即可得到俯视图。接着在俯视图之外单击一下,再单击一下主视图,然后单击创建投影视图图标 投影视图 ,在主视图右方单击一下,即可得到左视图。注意更改视图的显示样式为"隐藏线",结果如图 7-11 所示。

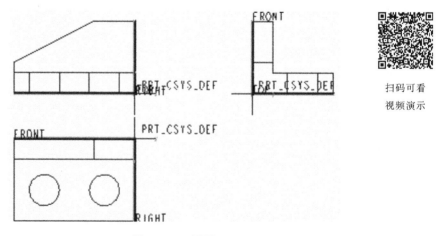

扫码可看
视频演示

图 7-11　三视图

在"视图"选项卡中的"显示"工具栏,可以通过分别单击图标 、 、 、 ,使得这些模型基准不再显示,以使视图清晰。如果视图位置不理想,可以首先单击鼠标右键,在出现的快捷菜单中取消  锁定视图移动前的勾选,让视图可以移动,然后单击某个视图并按住不放,移动鼠标即可改变相关视图的位置。双击某个视图,可弹出"绘图视图"对话框,在其中可以对普通视图的比例、看不见的轮廓线的显示、剖视图、视图范围等进行设置。

如果想生成六个基本视图之外的其他方向视图,可以打开模型零件,单击"视图"选项卡,如图 7-12 所示,在"方向"工具栏中,单击"已保存方向"中的"重定向"图标 重定向(O)... ,弹出重定向"视图"对话框,如图 7-13(a)所示,把视图名称改为"轴测图",在相应窗口中调整视图,并单击图标 保存视图。再切换到"绘图"模式中,插入"普通视图"的时候选择刚保存的"轴测图"视图,即可得到如图 7-13(b)所示的三视图及轴测图。

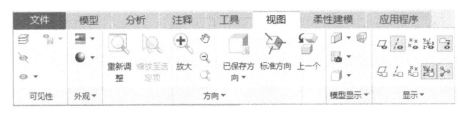

图 7-12　"视图"选项卡

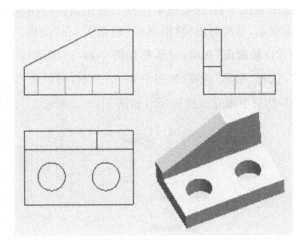

(a) 重定向"视图"对话框　　　　(b) 三视图及轴测图

图 7-13　重定向视图

单击下拉菜单"文件"→"另保存为"→"保存副本",在弹出的"DWG 的导出环境"对话框中打开"类型"下拉列表,选择"DWG"或"DXF"类型,可将生成的工程图转入到 AutoCAD 或别的二维 CAD 软件中进行编辑修改。如图 7-14 所示,最好将 DWG 的版本改为较低的版本,如 2004,这样 AutoCAD 软件就可以打开了。

2. 剖视图

对于前面所述的例子,一般要采用剖视图方法来进行表达,如图 7-15 所示。要完全符合机械制图相关标准,还要对其进行一些修改。

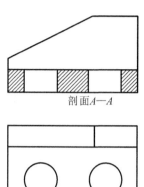
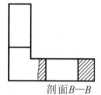

剖面A—A   剖面B—B

图 7-14   "导出环境"选项卡   图 7-15   采用了剖视表达的三视图

剖视图在图 7-11 的基础上生成。首先新建绘图文件,得到图 7-11 所示的三视图。然后双击主视图,系统弹出"绘图视图"对话框,在"类别"栏目下,单击"截面",在"截面选项"下,选择"2D 横截面"选项,对话框如图 7-16(a)所示,此时,再单击图标 ➕ ,系统弹出"菜单管理器",选择"偏移"选项,如图 7-16(b)所示,再单击"完成",系统要求输入截面名称,直接键入"A",然后单击完成图标 ✔ ,如图 7-16(c)所示。

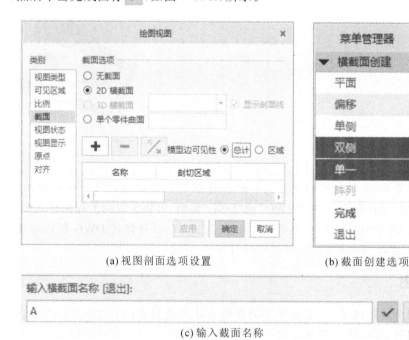

(a) 视图剖面选项设置   (b) 截面创建选项

输入横截面名称 [退出]:

A

(c) 输入截面名称

图 7-16   绘制剖视图

系统进入"选择或创建一个草绘平面"对话框,如图 7-17(a)所示,选择物体的上表面,则弹出"设置草绘平面"对话框,如图 7-17(b)所示,选择模型的上表面然后单击"确定",进入"新设置"对话框,如图 7-17(c)所示,单击"默认"进入"草绘"模块。分别选择两孔的轴心线作为参照,如图 7-18 所示,然后关闭"参照"对话框。单击图标 ,通过两圆圆心绘制如图 7-19(a)所示的一根直线,再单击图标 ✓ 退出草绘。系统返回绘图文件,再按下鼠标中键,即可得到如图 7-19(b)所示的全剖的主视图。

(a) 选择平面

(b) 设置草绘平面

(c) 设置草绘平面的方向

图 7-17　绘制剖视图的设置

图 7-18　选择两孔轴心线作为参照

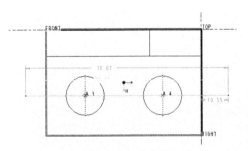
(a) 剖截面的有积聚性的投影

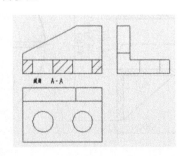
(b) 全剖的主视图

图 7-19　全剖主视图画法

同样的方法,双击左视图,生成局部剖的左视图。截面名取为"B",剖截面通过左边孔的轴心线,其有积聚性的投影如图 7-20(a)所示。退出草绘后,回到"绘图视图"对话框,打开"剖切区域"下拉列表,选择"局部"选项,系统提示选择局部剖视图剖视部分的中心点,如图 7-20(b)所示,在相应的轮廓线上单击一下,结果如图 7-21(a)所示。然后绘制如图 7-21(b)所示的封闭的样条曲线(最后一个输入点放在第一个输入点上),按鼠标中键即可得到局部剖切的左视图,结果如图 7-21(c)所示。

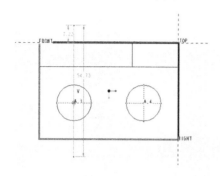

(a) 左视图剖截面的有积聚性的投影

(b) 剖截面B的设置

图 7-20　局部剖视图设置

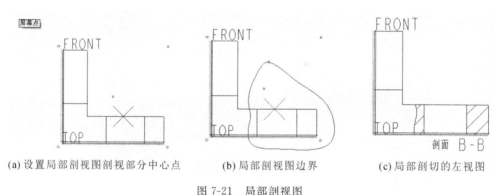

(a) 设置局部剖视图剖视部分中心点　　(b) 局部剖视图边界　　(c) 局部剖切的左视图

图 7-21　局部剖视图

例 7-1　绘制如图 7-22 所示的零件,将长度单位设置为毫米。

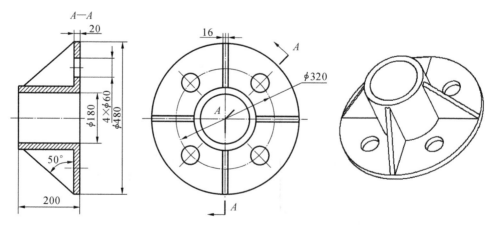

图 7-22　法兰盘

建立完零件模型后,新建一个绘图文件,在"新建绘图"对话框中,选择"指定模板"为"空",然后选择"A4"标准大小。进入工程图模块后,首先将投影方法设置为"first_angle"。

接下来,插入普通视图,视图取为 TOP 视图,即图 7-22 中的左视图。双击该视图,弹出"绘图视图"对话框,将视图比例修改为 0.250。然后插入投影视图,生成主视图,该视图是个外形视图。接下来,要将该视图修改为旋转剖视图。双击该视图,弹出"绘图视图"对话框,单击"类别"下的"截面",在"剖面选项"下,选择"2D 横截面",然后单击图标 ➕,系统弹出"菜单管理器",选择"偏移"选项,再单击"完成",系统要求输入截面名,直接键入"A",然后回车,系统打开相应的模型零件,直接单击零件底面,再单击"正向""默认",系统进入草绘模块。选择右上孔的轴心线作为参照,再单击图标 🔁,绘制如图 7-23(a)所示的一根直线,再退出草绘。系统返回绘图文件,在"绘图视图"对话框中,在"剖切区域"栏目下,单击"完全",然后移动右边的滑动条,直到看到"全部(对齐)",单击该选项。接下来,系统提示选择回转轴心线(旋转剖视图往往用于表达具有回转结构的机件),在主视图上选择法兰盘的回转轴心线(如果主视图被"绘图视图"对话框遮住,移开"绘图视图"对话框),然后单击"确定",即可得到如图 7-23(b)所示的旋转剖视图。

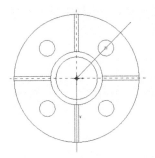

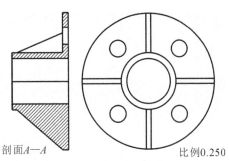

(a) 旋转剖切平面的有积聚性投影

剖面*A—A*　　　　　　　比例0.250

(b) 旋转剖视图结果

图 7-23　旋转剖视图

选择刚生成的旋转剖视图,按住鼠标右键不放,直到弹出菜单,然后选择"添加箭头",系统提示选择"截面在其处垂直的视图",此种情况下,就是选择左视图,单击一下左视图,系统即在左视图上添加旋转剖视图的剖切符号、视图名称和投影方向,如图 7-24 所示。目前所生成的剖视图,还不符合我国机械制图的相关标准,需要将该绘图文件转入 AutoCAD 或华中科技大学开发的天喻 CAD 等二维绘图软件中进行修改。转换过程中注意单位英寸和毫米的换算。

剖面*A—A*

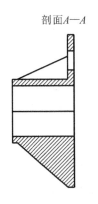

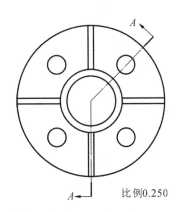

比例0.250

图 7-24　旋转剖视图标注

7.3 显示尺寸和形位公差

一个完整的零件图一般包括尺寸和形位公差等内容,因此,在创建完视图后需要为其标注尺寸、添加注释和标注符号等。"注释"选项卡主要包括"删除""组""注释""编辑""格式"等工具(见图 7-4)。

下面通过例子来说明如何自动生成尺寸,这些尺寸就是建模时的草图尺寸和特征尺寸。单击图 7-25 所示的"注释"工具栏中的图标 ，弹出"显示模型注释"面板,然后在图形的内部选取要标注的特征,这时弹出如图 7-26 所示的对话框,勾选"显示"下方的复选框,可以显示尺寸,单击"应用"即可,如图 7-27 所示。或者单击图标 ，使用新参照标注尺寸。

图 7-25 "注释"工具栏

图 7-26 "显示模型注释"面板

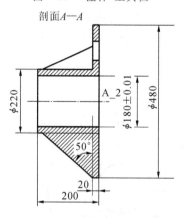

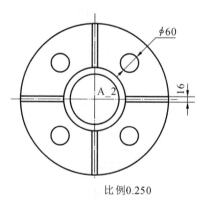

图 7-27 显示尺寸

接下来,单击"注释"工具栏中的"几何公差"图标 ，鼠标光标后边即可以出现默认几何公差图标 ，用鼠标左键点到物体上的某一个几何元素,然后单击鼠标中键,系统弹出如图 7-28 所示的对话框。单击"几何特性"图标,选择需要的几何特性 垂直度，然后在"公差和基准"栏下设置"公差值为 0.001""基准为 B",再单击鼠标左键完成标注。如果几何公差不正确或需要修改,双击该公差即可以重新修改公差类型及基准,单击基准符号 🔽,可以标注基准符号,结果如图 7-29 所示。

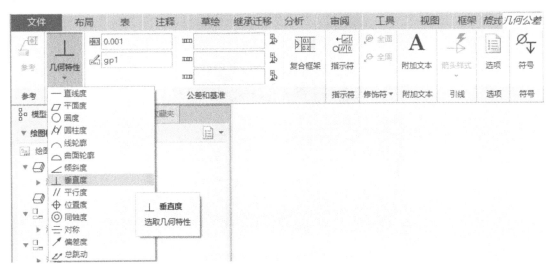

图 7-28　几何特性设置

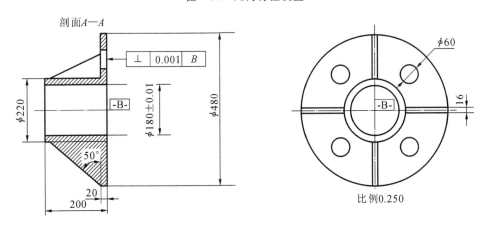

图 7-29　生成的垂直度公差

7.4　生成装配工程图

如图 7-30 所示,我们将生成这个装配部件的工程图。首先打开这个装配文件,如果没有现成的,需要重新建立一个装配文件。

操作步骤如下。

(1)新建一个绘图文件。在"新建"对话框中选择"绘图"类型,进入"新建绘图"对话框,"指定模板"为"空","标准大小"为"A3",单击"确定"即可建立一个绘图文件。

(2)将投影方法修改为第一角投影。单击下拉菜单"文件"→"准备"→"绘图属性",在弹出的菜单管理器中,单击"详细信息选项"后面的"更改",系统弹出"选项"对话框。单击选项中的"projection_type",或在"选项(O)"下的文本编辑框中输入"projection_type",在"值

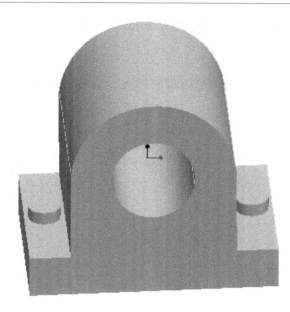

图 7-30　简化轴承座装配部件

（V）"栏目下可以看到该选项的缺省值是"third_angle"，单击图标 ▾，将其值修改为"first_angle"，再依次单击"添加/更改"和"确定"，第三角投影则改为第一角投影。

　　（3）单击"布局"选项卡中的"模型视图"→"普通视图"，选择"无组合状态"然后"确定"。在图形区的左上方用鼠标左键单击一下，系统弹出"绘图视图"对话框，在"模型视图名"下拉列表中，选择"FRONT"，再将视图比例修改为 0.25，单击"应用"按钮，再单击"类别"下的"视图显示"，打开"显示样式"下拉列表，选择"消隐"，将"相切边显示样式"选定为"无"，单击"确定"，关闭"绘图视图"对话框。接下来插入"投影视图"，生成俯视图和左视图。再插入一个普通视图，选择"斜轴测"。这四个视图都使用相同的显示线型选项，即无隐藏线，结果如图 7-31 所示。

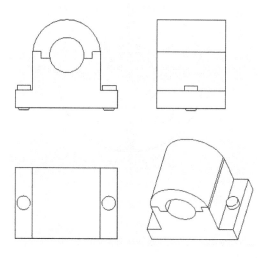

图 7-31　简化轴承座的三视图

　　双击主视图，弹出"绘图视图"对话框，选择"截面"→"2D 截面"，再单击图标 ✚，在弹出的菜单管理器中，选择"偏移"，再单击"完成"，接下来，输入字母"A"，在装配文件窗口中，单击"ASM_TOP 平面"，再单击"正向""默认"，系统进入草绘模块。选择 DTM1 平面作参照，绘制如图 7-32(a)所示的直线，该直线通过两孔的轴心线，然后单击图标 ✔，退出草绘，回到"绘图视图"对话框。在"绘图视图"对话框中，在"剖切区域"下拉列表中，选择"半剖"，系统提示选择半剖视图中分开外形与剖视部分的分界平面，选择"ASM_RIGHT 平面"，然后关闭"绘图视图"对话框，结果如图 7-32(b)所示。因为在装配图中，实心杆件一般不剖切，所以螺栓零件上的剖面线应取消。双击主视图上的剖面线，系统弹出"修改剖面线"下拉菜单,选择"排除",即可取消螺栓上的剖面线,结果如图 7-32(c)所示。图中螺栓中两圆柱的分界线需要自行画出,然后将左视图改为全剖视图。

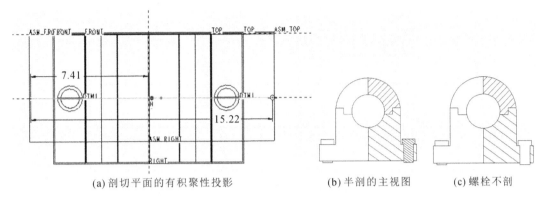

(a)剖切平面的有积聚性投影　　　　　(b)半剖的主视图　　　(c)螺栓不剖

图 7-32　装配图的剖视图

7.5　制　作　表　格

在装配图中,往往要绘制明细表,接下来介绍如何制作表格。装配图中需要绘制明细表,标注零件序号和指引线,还需要使用工程图模块里的表格功能制作标题栏。明细表一般放置在标题栏的上方。

打开刚完成的工程图,单击"表"选项卡(见图 7-5)。

(1)单位及字高的设置。

单击下拉菜单"文件"→"准备"→"绘图属性",打开"详细信息选项",然后在弹出的"选项"对话框中,找到选项"drawing_units"(或在"选项"下的文本编辑框中键入 drawing_units),将其设置修改为 mm。再找到选项"text_height",将其数值修改为 5。

(2)绘制标题栏。

首先制作图 7-33 中的标题栏,该图中也包含明细表的格式。单击"表"选项卡中的图标 ▦ ,系统弹出"表"菜单管理器。

在图形区右下部分适当地方单击一下,作为标题栏左上顶点。接下来,在菜单管理器中单击"按长度",系统提示输入各列的宽度,连续输入 15、25、20、15、15、20、30,最后一次不输入数值,直接回车。接下来,系统要求输入第一行行宽,标题栏有四行,连续输入 8(行宽)四次,第五次,直接回车。最后得到如图 7-34(a)所示的表格。按住键盘上的 Ctrl 键,连续选择左上的六个单元格,然后单击下拉菜单"表"→"合并单元格",得到如图 7-34(b)所示结果。同样的,对右下的八个单元格进行合并。双击各个单元格,弹出注释属性对话框,可以输入汉字,单击标签"文本式样",可以对字体格式进行设置,按照图 7-33 所示的字体格式写入相应的文字,如图 7-34(c)所示(如果看不见文字,一般是因为缺省字高太小,将字高改大即可)。接下来,需要将标题栏移至右下角。框选整个标题栏表格,再单击下拉菜单"编辑"→"特殊移动",系统提示输入移动基准点,选择标题栏右下点,系统弹出"特殊移动"对话框,单击图标 ▦ ,将 X 数值修改为 420(毫米)(A3 图幅的尺寸是 420×297),Y 数值修改为 0,再单击"确定"。如果位置不对,则是因为长度单位仍为英寸,请根据 1 英寸等于 25.4 毫米来换算。

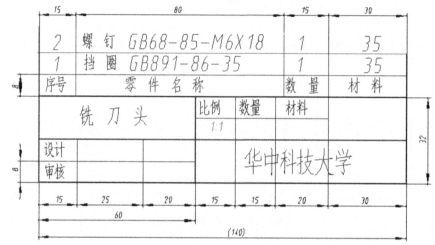

图 7-33 标题栏和明细栏

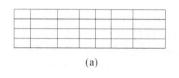 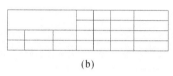 

(a)　　　　　　　　　　(b)　　　　　　　　　　(c)

图 7-34 标题栏的绘制过程

(3) 制作明细表。

首先生成一个标准的明细表,然后使用"特殊移动",将明细表移至标题栏的上方。单击下拉菜单"表"→"插入"→"表",系统弹出菜单管理器,选择"升序",在图形区右下部分适当地方单击一下,作为标题栏左上顶点。接下来,在菜单管理器中单击"按长度",系统提示输入各列的宽度,连续输入 15、80、15、30,最后一次不输入数值,直接回车,接下来,系统要求输入第一行行宽,明细表有五行,连续输入 8(行宽)五次,第六次直接回车。接下来框选该表格,然后单击下拉菜单"编辑"→"特殊移动",系统提示输入移动基准点,选择明细表右下点,系统弹出"特殊移动"对话框,单击图标 ⬚ₓ,ᵧ ,将 X 数值修改为 420(毫米)(A3 图幅的尺寸是 420×297),Y 数值修改为 32,再单击"确定"。然后在明细表中输入相关的文字。

单击下拉菜单"表"→"重复区域",在弹出的菜单管理器中,单击"增加",系统提示"定义区域的角",单击明细表中"序号"单元格上方紧挨着"序号"的单元格,系统提示"选出另一表单元",再单击"材料"上方紧挨着"材料"的单元格,然后单击菜单管理器中的"完成"。

接下来双击"序号"单元格上方的单元格(也即重复区域的第一列),或单击该单元格,再点击鼠标右键,选择"报告参数",系统弹出"报告符号"对话框,单击"rpt",再单击"index"。双击明细表中"零件名称"上方的单元格,系统弹出"报告符号"对话框,单击"asm",然后单击"mbr",再单击"name"。双击明细表中"数量"上方的单元格,系统弹出"报告符号"对话框,单击"rpt",再单击"qty"。

单击下拉菜单"表"→"重复区域",在弹出的菜单管理器中,单击"属性",选择刚定义的重复区域,也就是直接单击"序号"上方的这一行,再选择"无重复记录"选项,然后单击"完成/返回"。接下来,选择"更新表",再单击"完成"。如果缺省字高太小,几乎看不见明细表中的内容,应分别单击重复区域的各单元格,修改一下文本式样。比如,单击"序号"单元格上方紧挨着"序号"单元格的单元格,点击鼠标右键,在弹出的菜单中选择"属性",再单击标签"文本式样",点击"选取文本",然后在图形区中点选"序号"二字,再单击"确定",则"序号"单元格上方各单元格都采取和该单元格一样的文本式样。"零件名称""数量"上方的单元格,也是一样处理。框选明细表最上面的两行,然后按键盘上的 Delete 键,将这多出的两行删除掉。最后得到如图 7-35 所示的明细表。

3	ZCZ-SHANGGAI		1	
2	ZCZ-DIZUO		1	
1	LUOSHUAN		2	
序号	零件名称		数量	材料
		比例	数量	材料
设计			华中科技大学	
审核				

图 7-35　明细表

接下来在工程图中生成零件序号(球标)。单击"表"选项卡中的球标图标 ,在刚生成的明细表中单击一下,然后再单击菜单管理器中的"创建球标",在"BOM 视图"下拉菜单下选择"根据视图",选择主视图,再单击"完成"。球标的位置如果不合理,可直接单击这些球标,移动至合适位置。如果球标看不见,一般也是因为缺省尺寸太小,放大视图,找到球标,双击球标,修改其文本式样,最后结果如图 7-36 所示。最后形成的工程图如果要完全达到我国工程制图的标准,还需要做一些修整,限于篇幅,这里不作论述。

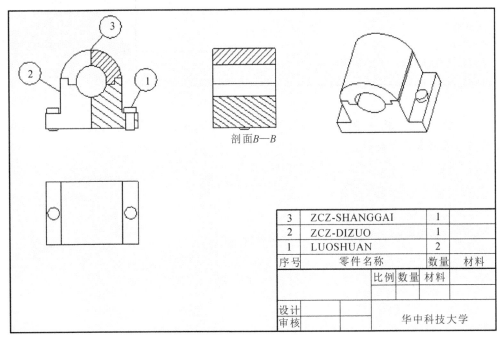

图 7-36　简化轴承座工程图

习　　题

7-1　创建如图 7-37 所示的柱塞泵泵体的三维实体及工程图,尺寸及符号要符合国家标准。

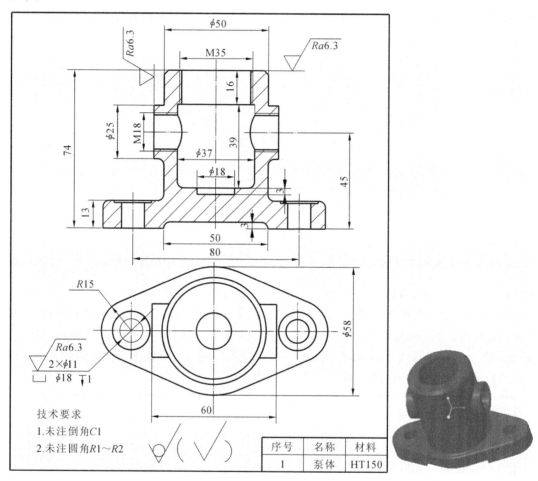

图 7-37　题 7-1 图

7-2　创建如图 7-38 所示的柱塞泵的销轴、导向轴套、进出油阀体等的三维实体及工程图,尺寸及符号要符合国家标准。

图 7-38　题 7-2 图

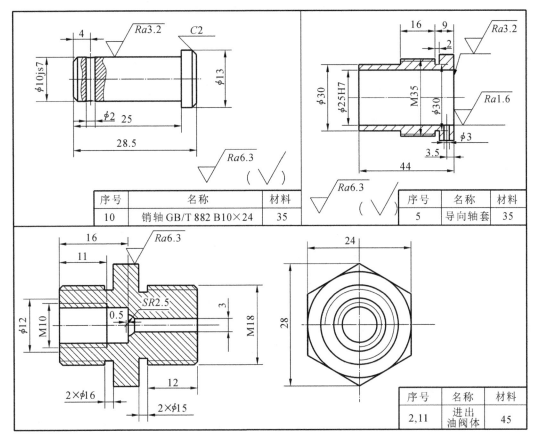

续图 7-38

7-3　创建如图 7-39 所示的旋塞、钢球、柱塞的三维实体及工程图,尺寸及符号要符合国家标准。

图 7-39　题 7-3 图

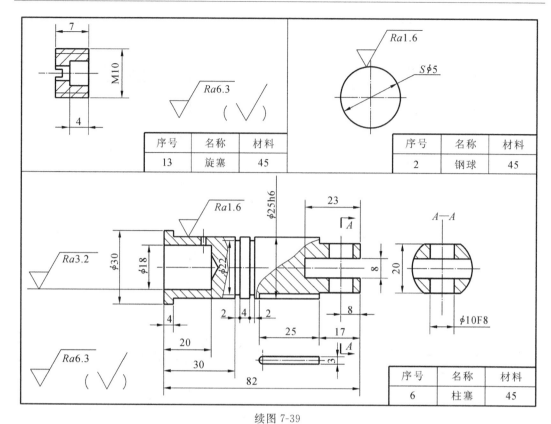

续图 7-39

7-4　创建如图 7-40 所示的柱塞泵的装配三维实体及装配工程图,标准件可以查国家标准绘制。

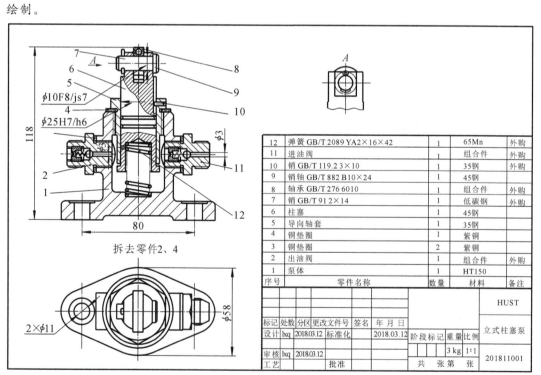

12	弹簧 GB/T 2089 YA2×16×42	1	65Mn	外购
11	进油阀	1	组合件	外购
10	销 GB/T 119.2 3×10	1	35钢	外购
9	销轴 GB/T 882 B10×24	1	45钢	
8	轴承 GB/T 276 6010	1	组合件	外购
7	销 GB/T 91 2×14	1	低碳钢	外购
6	柱塞	1	45钢	
5	导向轴套	1	35钢	
4	铜垫圈	1	紫铜	
3	铜垫圈	2	紫铜	
2	出油阀	1	组合件	外购
1	泵体	1	HT150	
序号	零件名称	数量	材料	备注

					HUST	
标记	处数	分区	更改文件号	签名 年 月 日		立式柱塞泵
设计	bxq	2018.03.12	标准化	2018.03.12	阶段标记 重量 比例	
审核	bxq	2018.03.12			3 kg 1:1	201811001
工艺			批准		共　张第　张	

图 7-40　题 7-4 图

第8章 机构与动画

Creo 的应用程序里的"机构"与"动画"模块能够实现机械机构的运动学与动力学等分析,能够制作运动机构或产品的拆装动画视频文件,使得原来在二维图样上难以表达和设计的运动变得非常直观和易于修改,并且可以大大地简化机构的设计开发过程,缩短开发周期,减少开发费用,同时提高生产质量。

本章主要以三个典型的例子,分别对应连杆机构、齿轮运动副和凸轮运动副,来介绍如何定义某个机构,使其移动,并分析其运动以及制作相应的动画视频。还以一个切割式组合体的切割过程为例,介绍如何制作模型的建立过程动画视频。机构的仿真与动画设计在"应用程序"选项卡中的"运动"单元组中,如图 8-1 所示。

图 8-1 "应用程序"选项卡

8.1 机构模块概述

机构运动仿真模块不用单独建立模块,而是基于装配完成的组件,单击"应用程序"选项卡中"运动"单元组的"机构"图标,直接进入机构仿真运行环境。Creo 的机构运动仿真与分析界面包括菜单命令、工具栏命令、模型树、机构树和窗口界面等,如图 8-2 所示。

机构模块主要由"信息""分析""运动""连接""插入""属性和条件"以及"主体"等工具栏构成。"分析"工具栏有机构分析、回放和测量等,它们的图标含义如下。

● 机构分析:添加、编辑、移除、复制或运行分析。

● 回放:回放分析运行的结果。也可将结果保存到一个文件中,恢复先前保存的结果或输出结果,还可生成视频文件。

● 测量:创建测量,并可选取要显示的测量和结果集,也可以输出结果图形或将结果保存到一个 Excel 表文件中。

"运动"工具栏中的拖动图标及含义如下。

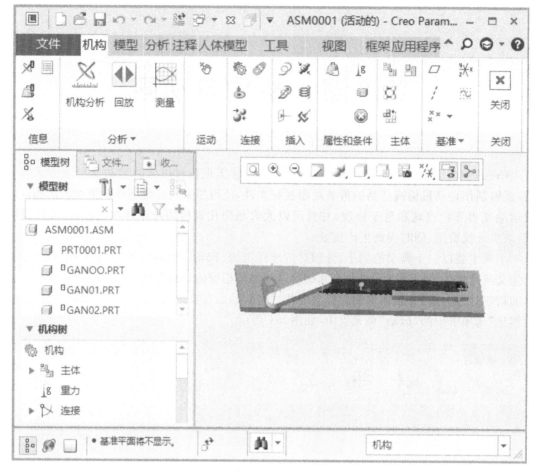

图 8-2　Creo 机构运动仿真与分析界面

● 拖动:在允许的运动范围内移动装配元件以查看装配在特定配置下的工作情况,将机构拖动至所需的配置并拍取快照。

"连接"工具栏里定义了零件之间的连接方式,其中的图标及其含义如下。

● 齿轮:创建新的齿轮副,也可编辑、移除或复制现有的齿轮副。

● 凸轮:定义凸轮从动机构,也可编辑或删除现有的凸轮从动机构。

● 3D 接触:定义 3D 接触。

● 带:定义带连接的滑轮主体及托架主体等。

"插入"工具栏里定义了插入伺服电动机、执行电动机、定义力或扭矩、弹簧、阻尼器和衬套载荷等,图标及其含义如下。

● 伺服电动机:定义伺服电动机,也可编辑、移除或复制现有的伺服电动机。

● 执行电动机:定义执行电动机,也可编辑、移除或复制现有的执行电动机。

● 力/扭矩:定义力或扭矩,也可编辑、移除或复制现有的力/扭矩负荷。

● 衬套载荷:定义衬套载荷。

- 〓 弹簧：定义弹簧，也可编辑、移除或复制现有的弹簧。

- 〓 阻尼器：定义阻尼器，也可编辑、移除或复制现有的阻尼器。

"属性和条件"工具栏里定义了质量属性、重力、初始条件和终止条件等，图标及其含义如下。

- 〓 质量属性：定义零件的质量属性，也可指定组件的密度。

- 〓 重力：定义重力的方向和大小来模拟重力效果。

- 〓 初始条件：指定初始位置快照，并可为点、连接轴、主体或槽定义速度初始条件。

- 〓 终止条件：定义动态分析的终止条件。

进行机械机构分析的一般工作流程如下。

（1）新建一个组件文件，将所有元件组装好，在装配的时候，定义好放置约束或者连接，然后在"应用程序"选项卡中的"运动"单元组中单击"机构"图标 〓，进入机构模块。

（2）检查模型，验证机构的运动情况，可用交互方式拖动主体来研究机构移动方式的一般特性以及主体可到达的位置范围。

（3）根据机械机构的特点，定义相关的连接，如增加凸轮从动机构连接，增加槽从动机构连接以及齿轮副连接，还可以对连接轴进行设置。

（4）定义伺服电动机，向机械装置中增加源运动，使得某些旋转轴获得绝对的旋转或平移运动。

（5）单击机构模块"分析"工具栏中的"机构分析"图标 〓，定义机构的运动分析，指定时间范围，创建运动记录。

（6）单击机构模块"分析"工具栏中的"回放"图标 〓，回放分析及检查干涉情况，可以使用其中的选项保存、恢复、删除及导出分析结果，并生成动画视频文件。

（7）单击机构模块"分析"工具栏中的"测量"图标 〓，创建位置测量或间隔测量，可在重复组件分析期间监测点和连接轴的位置，也可测量点和连接轴的速度或加速度，还可在运行一个或多个分析后创建并绘制图形，将测量图形保存到 Excel 表文件中。

利用 Creo Mechanism 进行运动仿真与分析，必须了解其基本操作和选项设置，机构仿真的基本操作内容包括：加亮主体、机构显示和信息查看等。

"突出显示主体"工具用来高亮显示机构中的主体，特别是在大型机构中，通过它可以快速找出并显示用户定义的机构运动主体。在机构模块"主体"工具栏中单击"突出显示主体"图标 〓，机构中的主体将高亮显示。"机构显示"工具用来控制机构中各组件单元的显示。在机构模块"信息"工具栏中单击"机构显示"图标 〓，弹出"图元显示"对话框，如图 8-3（a）所示。例如，通过该对话框显示"接头"，选择"接头"复选框后，将在机构中显示所有的接头，如图 8-3（b）所示。在机构模块"信息"工具栏中单击"汇总"图标 〓，可以在浏览器中查看机构运动仿真与分析后的摘要情况，如图 8-3（c）所示。

(a)"图元显示"对话框　　(b)显示"接头"　　(c)查看摘要

图 8-3　机构的"信息"显示

8.2　连杆机构

　　本节将使用第 6 章的连杆机构例子,如图 8-4 所示。请先按照 6.4 节里的内容,建立这个连杆机构的装配图,各个连杆间通过"连接"装配起来。注意不要使用缺省模板,使用"mmns_asm_design"模板。如果使用了缺省模板,则点击下拉菜单"文件"→"准备"→"模型属性",在弹出的"模型属性"菜单管理器中,选择"单位"后面的"更改",在弹出的"单位管理器"对话框中,点击"毫米牛顿秒(mmNs)",然后点击"设置(S)",选择"解释尺寸",即模型实际大小不变,这样可将长度单位修改为公制。

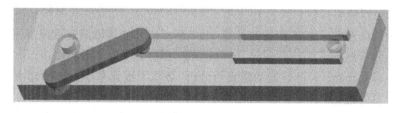

扫码可看
视频演示

图 8-4　连杆机构

　　接下来,打开这个组件文件。在"应用程序"选项卡中的"运动"工具栏中单击"机构"按钮 ,进入机构模块。可以观察到图形区中出现了各个机构连接符号,主要连接有齿轮副连接、凸轮从动机构连接、3D 接触连接和带连接等,如图 8-5 所示。

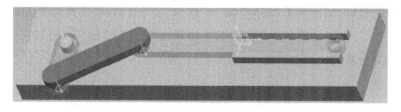

图 8-5　连杆上各处机构连接符号

单击"插入"工具栏中的"伺服电动机"图标 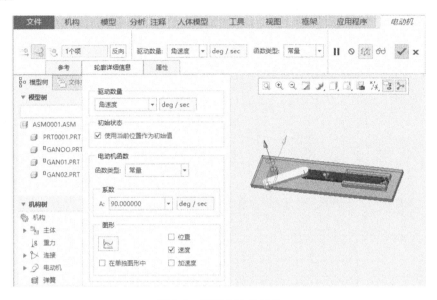，系统弹出如图 8-6 所示的"电动机"操控面板。在图形区直接点击第一个销连接符号（底座上的销与第一根杆之间的销连接），然后再选择操控面板中的"轮廓详细信息"标签，打开"驱动数量"栏的下拉列表，选择"角速度"，并将"系数"栏的"A"的数值修改为 90，再点击图标 进行应用并保存，关闭"电动机"操控面板。

图 8-6　伺服电动机定义

接下来，单击"分析"工具栏中的"机构分析"图标 ，系统弹出如图 8-7(a)所示的"分析定义"对话框，直接点击"运行(R)"按钮，可以观察图形区中连杆机构的运行，分析完成后，点击"确定"按钮，再关闭对话框。

(a)"分析定义"对话框　　　　　　　(b)"回放"对话框

图 8-7　运动学分析定义

点击"分析"工具栏中的"回放"图标 ◄►，系统弹出如图 8-7(b)所示的"回放"对话框。点击该对话框中的图标 ◄►，系统弹出如图 8-8(a)所示的"动画"对话框。点击"捕获"按钮，系统弹出如图 8-8(b)所示的"捕获"对话框，点击"浏览"按钮，将要生成的视频文件放至合适的文件目录下，记住位置和文件名，生成后，可以用常用的视频文件播放器播放。直接点击"确定"按钮，然后等待 100 帧的图片生成完毕，注意看用户界面下部的系统提示。然后关闭"动画"对话框和"回放"对话框。

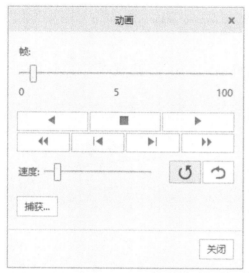

(a)"动画"对话框　　　　　　　　　　(b)"捕获"对话框

图 8-8　生成动画视频文件

在模型树上选择第三个杆(做直线运动的杆)，点击鼠标右键，在弹出的菜单中选择"激活" ◆，然后在"模型"选项卡的"基准"工具栏中选择"点"图标 ××，按住 Ctrl 键，分别选择第三个杆的上端面和右侧孔的轴心线，也即取这个平面和这个轴心线的交点作为基准点，然后关闭"基准点"对话框。再单击"应用程序"选项卡的"运动"工具栏中的"机构"图标 ⚙，回到机构模块。

单击机构模块"分析"工具栏中的"测量"图标 ⊠，系统弹出如图 8-9(a)所示的"测量结果"对话框。点击"测量"栏下的"创建新测量"图标 ⬚，系统弹出如图 8-9(b)所示的"测量定义"对话框，同时系统提示选取点或连接轴，选择刚生成的基准点，再点击"确定"按钮。根据不同的点可以得到不同的分析结果。选择其中一个分析结果，如图 8-9(c)所示的"measure1"，直至左上角的"测量结果"图标 ⁓ 变亮，单击该图标，系统即弹出测量数据的图形显示窗口，如图 8-9(d)所示。单击图形显示窗口中的下拉菜单"文件"→"导出 Excel"，可以将原始分析数据传送到 Microsoft Excel 表格中。

以上分析是对基准点的位置分析，在"测量结果"对话框中点击"测量"栏下的"编辑选定的测量"图标 ✎，修改"测量定义"中的"类型"为"速度""加速度"或"连接反作用"等，还可以对这些项目进行分析。

(a) "测量结果"对话框　　　　　　　　　　(b) "测量定义"对话框

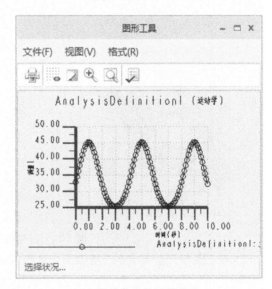

(c) 指定结果集和测量量　　　　　　　　　(d) 测量数据的图形显示

图 8-9　生成测量数据

8.3　齿　轮　机　构

1. 准备零件

齿轮是应用非常广泛的传动零件,可以用来传递动力,改变转速和旋转方向。齿轮的三个参数是:模数 m,齿数 ZL,压力角 A,压力角一般取 20°。齿轮的轮廓曲线一般采用渐开线。这里直接给出渐开线方程(假定渐开线在 X-Y 平面上):

r＝m ∗ ZL ∗ cos(A)/2

fi＝t＊90

arc＝ pi＊r＊t/2

x＝r＊cos(fi)＋arc＊sin(fi)

y＝r＊sin(fi)－arc＊cos(fi)

z＝0

扫码可看
视频演示

上述公式在生成渐开线时需输入,其中 pi 就是圆周率。

齿轮的分度圆直径为 m＊ZL,齿顶圆直径为 m＊(ZL＋2),齿根圆直径为 m＊(ZL－2.5)。下面来绘制如图 8-10(a)所示的一个简化齿轮,m＝5,ZL＝20,A＝20°。

(1) 新建一个零件文件。单击"工具"选项卡,找到"模型意图"工具栏,单击"参数"图标 〔〕参数 ,进入"参数"对话框,点击"添加参数"按钮 ➕ ,输入"m",再点击与"m"对应的"值"单元格,输入 5。同样地加入参数 ZL(其数值为 20)和压力角 A(其数值为 20),结果如图 8-10(b)所示,再点击"确定"按钮完成参数的建立。

(a) 简化齿轮立体图

(b) 建立齿轮的三个参数

图 8-10　齿轮的参数化设计

(2) 在"模型"选项卡的"基准"工具栏中找到"曲线"下的"来自方程的曲线"图标 ∿ 来自方程的曲线 ,单击该图标,在弹出的操控面板中将坐标系类型设置为"笛卡儿",在图中选择坐标系,然后单击"从方程"选项,系统弹出"方程"输入窗口,如图 8-11 所示,在空白部分输入图中所示公式(注意换行),然后单击"确定"按钮,即可得到如图 8-12(a)所示的渐开线。

(3) 在"模型"选项卡的"基准"工具栏中,单击"草绘"图标 ,以 FRONT 基准平面为草图工作平面,绘制一个圆(齿顶圆),圆心在系统坐标系原点。然后在"工具"选项卡中,单击"模型意图"中的"关系"图标 d=关系 ,系统弹出"关系"对话框,这时,点击圆的直径尺寸(系统自动生成的,显示为灰色,仔细查找一下,若查找不到,可重新标注),对话框中将出现"sd0",在文本编辑区输入"sd0＝m＊(ZL＋2)",如图 8-12(b)所示,再点击"确定"按钮,退出草绘。

(4) 使用"拉伸"图标 ,将刚生成的齿顶圆拉伸成圆柱。拉伸高度为 20,切换拉伸方向,使拉伸方向背离操作者。

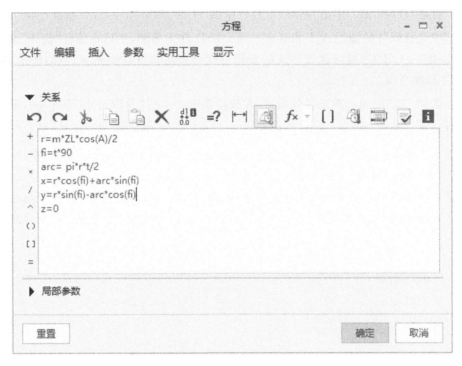

图 8-11　"方程"输入窗口

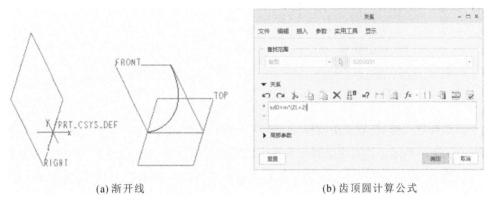

(a) 渐开线　　　　　　　　　　　(b) 齿顶圆计算公式

图 8-12　渐开线及齿顶圆的计算式

(5) 单击"草绘"图标 ，在 FRONT 基准平面上绘制分度圆，在草绘功能里，也使用"工具"→"关系"图标 d= 关系 将分度圆的直径尺寸定义为 sd0＝m＊ZL。

(6) 同样的，使用"草绘"图标 在 FRONT 基准平面上绘制齿根圆，也使用"关系"图标 d= 关系 将齿根圆的直径尺寸定义为 sd0＝m＊(ZL－2.5)。

(7) 按住键盘上的 Ctrl 键，用鼠标左键同时选取渐开线与分度圆，然后在"模型"选项卡中，单击"基准"工具栏中的"点"图标 ，建立一个基准点 PNT0，该点是渐开线与分度圆的交点。

(8) 在"模型"选项卡中，单击"基准"工具栏中的"平面"图标 ，建立一个新的基准平面 DTM1，该平面要通过圆柱面的轴心线和刚生成的基准点 PNT0。

（9）创建 DTM2 面。单击"基准"工具栏中的"平面"图标 ▱，弹出"基准平面"对话框，在"参考"中选择圆柱的轴线 A_1 和基准平面 DTM1 作为参照，然后在偏移"旋转"文本框中输入"$-360/(4*ZL)$"（输入此表达式后旋转角度可自动调整），如图 8-13（a）所示，创建得到 DTM2 基准平面。

然后选择 DTM2 面。单击鼠标右键，在快捷菜单中选择"编辑尺寸"图标 🗗，显示创建该平面时的角度参数（DTM1 和 DTM2 的夹角），然后单击图标 d= 关系 打开"关系"窗口，用鼠标左键单击角度参数如 d9，为该参数添加关系式"$d9 = 360/(4*ZL)$"，如图 8-13（b）所示，然后单击"确定"按钮。

添加这些关系式的目的在于，当改变齿数 ZL 时，DTM2 与 DTM1 的旋转角度会自动根据关系式做出调整，从而保证齿廓曲线的标准性，这也是参数设计思想的重要体现。

(a) 编辑DTM2基准平面　　　　　　　　(b) 添加关系式

图 8-13　DTM2 的建立

（10）选择渐开线，然后点击图标 ⬚，生成关于基准平面 DTM2 对称的曲线（第二条渐开线），如图 8-14（a）所示。注意在选择对称平面的时候仔细检查，不要选成了 TOP 基准平面。

（11）选择"草绘"图标 ⟲，在 FRONT 基准平面上绘制如图 8-14（b）所示的草绘图形。曲线部分通过"投影"图标 ▱ 来生成，两根直线要与相应的曲线相切。注意在修剪的时候，要把所有多余的线都删除掉。

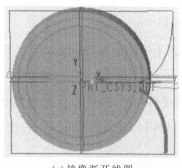
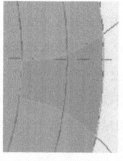
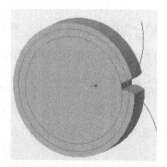

(a) 镜像渐开线图　　　　　　(b) 齿槽截面草图　　　　　　(c) 齿槽

图 8-14　渐开线齿槽的生成

（12）使用拉伸减材料功能和刚生成的截面草图,生成如图 8-14(c)所示的齿槽。

（13）单击刚生成的齿槽,选择"阵列"图标 ▥,使用周分布方式,单击"尺寸"下拉列表,选择"轴",生成沿圆柱轴心线均匀分布的 30 个齿槽,如图 8-15(a)所示。

（14）在特征树上选择阵列特征,然后单击鼠标右键,在快捷菜单中选择"编辑尺寸"图标 ﹐图形区中将显示相关尺寸,如图 8-15(b)所示。然后点击"工具"选项卡中的"关系"图标 d= 关系 ,打开"关系"窗口,在图形区中点击尺寸 30,在"关系"文本框中输入"p22＝ZL"(有可能尺寸 30 的代号不是 p22,不是也没有关系,都要使周分布的个数等于齿轮的齿数 ZL),然后单击"确定"。再单击"模型"选项卡的"操作"工具栏里的"重新生成模型"图标 ﹐齿轮的齿数即变为 ZL 的初始值 20,结果如图 8-15(c)所示。

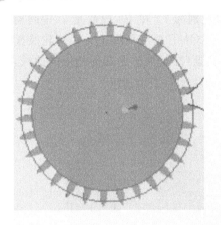

(a) 对齿槽进行阵列（周分布）

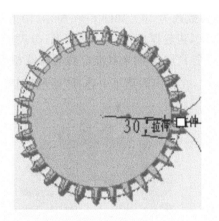

(b) 阵列参数

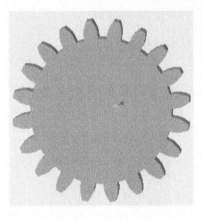

(c) 齿数由ZL参数决定图

(d) 将生成第三条渐开线的旋转角度数值参数化

图 8-15　齿轮生成

（15）现在已经建立了参数化的齿轮,我们可以单击"工具"选项卡的"模型意图"中的"参数"图标 [] 参数 ,在弹出的参数列表中,对各个参数进行修改。比如将 ZL 修改为 12,然后退出,再点击 "重新生成模型"图标 ﹐即可生成 12 个齿的齿轮,如图 8-16(a)所示。

（16）使用拉伸减材料功能建立中间的通孔,齿数为 15 的齿轮的截面图形如图 8-16(b)所示,三个尺寸分别为 30、8 和 33.3,结果如图 8-16(c)所示。

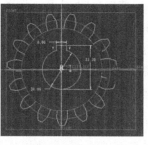

| (a) 齿数为12的齿轮 | (b) 中间通孔截面 | (c) 中间通孔齿轮草绘 |

图 8-16   完成齿轮

按照前面的方法绘制一个齿轮,齿数改为 20,保存为 Gear-Z20,然后另存为 Gear-Z40,注意将齿数改为 40。如图 8-17 所示,两齿轮的齿数分别为 20 和 40,模数是 5,中间通孔的直径是 30,齿轮厚度是 20。特征圆、分度圆都位于 FRONT 基准平面上。两齿轮装配的时候,靠两个 DTM2 面来对准。然后隐藏相关的曲线特征(在模型树上选择相应的曲线,点击鼠标右键,在弹出的菜单中选择"隐藏"图标),使得模型显示更清晰。

| (a) 齿轮Gear-Z20 | (b) 齿轮Gear-Z40 |

图 8-17   两个齿轮

接下来通过拉伸功能制作底座零件"底座"。草绘工作平面取在 TOP 基准平面上,拉伸高度是 20,草图尺寸如图 8-18(a)所示。

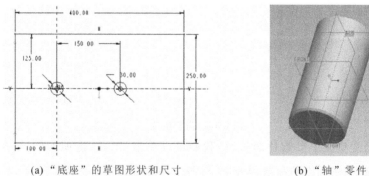
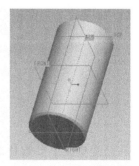

| (a) "底座"的草图形状和尺寸 | (b) "轴"零件 |

图 8-18   "底座"和"轴"两个零件

再制作一个轴零件,取名为"轴",直径为 30,长度为 60,草绘工作平面为 FRNOT 基准平面。"轴"是关于该基准平面对称拉伸生成的。两个边缘的倒角尺寸为 1×1,结果如图

8-18（b）所示。

本讲主要讲解齿轮运动副的动画生成原理，为节省篇幅和时间，采用了非常简化的方法来绘制齿轮，也省去了轴上的键槽、键等零件。读者如有兴趣，可自己把这些细节添加上去。

2. 零件装配

新建生成一个装配体文件。注意：不要使用缺省模板，在新文件选项对话框中，选择"mmns_asm_design"模板。

在"模型"选项卡的"元件"工具栏中，单击"组装"图标，插入"底座"零件，选择"默认位置组装元件"图标 默认，即默认坐标系对齐约束方式。再单击"组装"图标，插入"轴"零件，在"元件放置"对话框中，选择运动连接方式中的"用户定义"，连接类型设置为"销 销"。让"轴"的轴心线和"底座"左边的孔的轴心线对齐，让"轴"的一个端面与"底座"的下底面对齐。再以同样的方式插入第二个"轴"零件，与"底座"右边的孔配合，结果如图 8-19（a）所示。

装入"Gear-Z20"零件。在"元件放置"对话框中，点击标签"连接"，将连接类型设置为"刚性"，小齿轮与左边的"轴"零件是刚性连接。让"Gear-Z20"零件的 FRONT 基准平面和"轴"零件的 FRONT 基准平面对齐，如果这两个零件都不是按照对称拉伸方式生成的，或者截面草绘平面不在 FRONT 基准平面上，请自行调节。要让齿轮的对称面和轴的对称面重合。同样地装入"Gear-Z40"零件，该零件的孔与右边的"轴"零件配合，结果如图 8-19（b）所示。从图中可以明显看到两齿轮有干涉，即相关的轮齿相互嵌入对方。

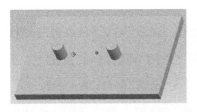 

（a）用销连接装入"轴"零件　　　　　　　　（b）装入两个齿轮

图 8-19　零件的装配

3. 机构分析

（1）在"应用程序"选项卡的"运动"工具栏中单击"机构"图标，进入机构模块。单击"插入"工具栏中的"伺服电动机"图标，选择左边的销连接，然后单击"电动机"操控面板中的"轮廓详细信息"标签，打开"驱动数量"栏的下拉列表，选择"角速度"，将"系数"栏的"A"的数值修改为 90，"图形"选择"位置"，然后单击完成图标，完成伺服电动机的添加。

（2）选择机构模块"连接"工具栏中的"齿轮"图标，定义齿轮运动副连接，系统弹出如图 8-20（a）所示的"齿轮副定义"对话框，同时提示选取一个连接轴，选择左边的连接轴（图形区中左边的黄色连接轴符号），将直径修改为 100；接下来，点击标签"齿轮 2"，系统提示选择一个连接轴，选择右边的连接轴，将直径尺寸修改为 200，如图 8-20（b）所示，再点击"确定"按钮，并关闭"齿轮副定义"对话框。

(a) 齿轮1的设置

(b) 齿轮2的设置

图 8-20　定义齿轮副

（3）选择机构模块"分析"工具栏中的"机构分析"图标 ，系统弹出"分析定义"对话框，直接点击"运行（R）"按钮，我们可以观察到两个齿轮的相对运动，运动停止后，关闭"分析定义"对话框。

点击"分析"工具栏中的"回放"图标 ，系统弹出"回放"对话框，点击"碰撞检测设置"标签下的"全局碰撞检测"选项，然后点击对话框左上角的"播放动画"按钮 ，系统会进行运动中的碰撞干涉检测，同时弹出"动画"对话框，进入"动画"窗口，单击图标 。干涉检查完后，图形区如图 8-21 所示红褐色轮廓线指示的部分，即两个齿轮的相互干涉的部分。直接关闭"动画"对话框和"回放"对话框。

扫码可看
视频演示

图 8-21　分析结果

两齿轮干涉的原因在于装配的时候两齿轮没有对准。

单击"机构树"中"机构"下的"连接"下拉箭头，点开"接头"下的"Connection_1"找到"旋转轴",如图 8-22(a)所示,打开右键快捷菜单,选择"编辑定义"图标,系统弹出"运动轴"对话框,同时提示"选择元件零参考",选取连接销轴上的一个点,系统再提示"选择装配零参考",选择基座上的某个平面。系统弹出当前点的位置值,通过微调角度数值,修改齿轮的位置,达到两齿轮无碰撞和干涉现象,如图 8-22(b)所示。完成后退出运动轴的调节。

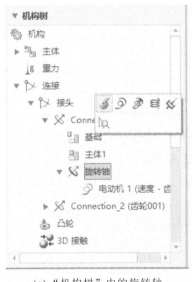
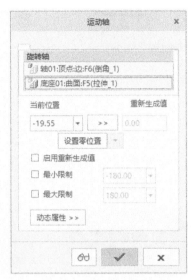

(a) "机构树"中的旋转轴　　　　　(b) "运动轴"的微调

图 8-22　连接轴初始位置设置

再单击"分析"工具栏中的"回放"图标 ◀▶,系统弹出"回放"对话框,点击"碰撞检测设置"标签下的"全局碰撞检测"选项,然后点击对话框左上角的"播放动画"按钮 ◀▶,系统进行运动中的碰撞干涉检测,同时弹出"动画"对话框,进入"动画"窗口,单击图标 ▶。干涉检查完后,再播放动画,不再有齿轮轮齿互相嵌入的情况。点击"动画"对话框中的"捕获"按钮,可以生成视频文件。

8.4　凸轮机构

1. 准备零件

本节以图 8-23 所示的凸轮机构来讲解机构模块中如何进行凸轮的分析与仿真。

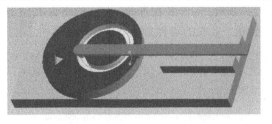

扫码可看
视频演示

图 8-23　一个简化凸轮机构

首先制作四个零件:底座、凸轮盘、滚子和顶杆。"底座"零件的形状和尺寸如图 8-24 所示,底板左端面至通孔轴心线的距离为 300,通孔直径 100,底板长 900、宽 400,右端两凸台对应的尺寸分别为 50、150 和 300。底板厚 50,右端两凸台高 40。

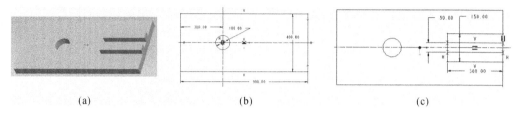

(a)　　　　　　　　　　(b)　　　　　　　　　　(c)

图 8-24 "底座"零件的形状和尺寸

"凸轮盘"零件的形状和尺寸如图 8-25 所示。基圆柱直径为 400,高 40,凸轮槽大圆直径为 230,小圆直径为 170,偏心距离为 50,槽深 25。背面小圆柱直径为 100,高 50,轴心线和基圆柱轴心线重合。三角形槽的位置和尺寸,读者自定。

(a)凸轮盘上表面　　　　(b)凸轮盘下边的轴　　　　(c)凸轮盘的尺寸

图 8-25 "凸轮盘"零件的形状和尺寸

"顶杆"零件的形状如图 8-26(a)所示,板厚 10,板宽 50,小圆柱直径为 15,高 25,小圆柱的轴心线与半圆头轴心线重合,顶杆总长 725(700+50/2)。

"滚子"零件的形状如图 8-26(b)所示,外圆柱面直径为 30,内圆柱面直径为 15,高度是 25。

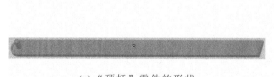

(a)"顶杆"零件的形状　　　　　　　　(b)"滚子"零件的形状

图 8-26 顶杆和滚子

2. 零件装配

首先将"滚子"零件与"顶杆"零件装配起来,生成的组件文件取名为"link-roller",滚子与顶杆上的小圆柱是销连接。生成的组件如图 8-27 所示。

图 8-27 组件 link-roller

接下来生成一个新的组件文件"凸轮"。首先插入"底座"零件,采用坐标系约束,再插入"凸轮盘"零件,这个零件上的小圆柱插入"底座"零件上的孔中,两零件是销连接,结果如图 8-28 所示。

图 8-28　插入凸轮盘

再插入刚生成的组件 link-roller,定义两个平面连接,分别是顶杆的下端面与底座右边的小凸台上端面之间的平面连接以及顶杆的一个侧平面与小凸台内侧平面之间的平面连接。滚子与凸轮盘之间的连接暂不考虑。结果如图 8-29 所示。

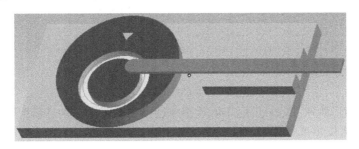

图 8-29　插入 link-roller 组件

3. 机构分析

选择"应用程序"选项卡中的"机构分析"图标,系统进入机构模块。

点击机构模块"插入"工具栏中的"伺服电动机"图标 ,新建一个伺服电动机,系统提示选择一个连接轴,选择凸轮盘与底座之间的销连接,电动机的转速设置为匀速,"A"的数值设置为 90。

接下来,定义凸轮连接。点击机构模块"连接"工具栏中的"凸轮"图标 ,系统弹出如图 8-30(a)所示的"凸轮从动机构连接定义"对话框,同时,系统提示选择曲线或曲面,选择凸轮槽的大圆柱面,两个半圆柱面都要选,然后点击"选取"对话框中的"确定"按钮;接下来点击"凸轮 2"标签,然后选择滚子的外圆柱面,如不方便选择,改成线框显示,注意两个半圆柱面都要选取,直接点击"确定"按钮,系统回到"凸轮从动机构连接定义"对话框,点击"确定"按钮。

单击机构模块"分析"工具栏中的"机构分析"图标 ,系统弹出"分析定义"对话框,如图 8-30(b)所示,单击"运行(R)"按钮,我们可以观察到凸轮机构的相对运动,运动停止后,点击"确定"按钮,关闭对话框。

点击机构模块"分析"工具栏中的"回放"图标 ,系统弹出"回放"对话框,然后点击对话框左上角的"播放动画"按钮 ,在弹出的"动画"对话框中单击图标 ,播放动画。点击

(a) 凸轮从动机构连接定义　　　　(b) "分析定义"对话框

图 8-30　定义凸轮从动机构连接

"动画"对话框中的"捕获"按钮,可以生成视频文件。单击"分析"工具栏中的"测量"图标,可以得到相关的分析图形或数据。

8.5　动　画　制　作

使用动画可以达到这些目的:将部件或产品的运行可视化(如果有了机构的概念,但尚未对其定义,可将主体拖动到不同的位置,并拍下快照来创建动画;定义了机构,则可以直接在机构模块中生成动画);创建部件、产品或模型的拆卸序列动画;创建维护序列,即要采取的步骤的简短动画,用来指示用户如何维修或建立产品。

前面讲机构模块的时候,已经提到了动画制作。接下来看看 Creo 的动画模块。欲进入动画模块,必须先生成或打开一个组件文件,然后单击"应用程序"选项卡中的"动画"图标 ,进入动画模块,如图 8-31 所示。

创建动画的一般步骤如下:

(1) 进入动画模块;

(2) 创建一个新动画,使用"重命名"结合产品的用途来定义一个好记的名字,不能用中文;

(3) 检查主体定义,一般先选择"每个主体一个零件",而后再编辑主体,必须有一个基础主体,即不动的零件,相当于地基,可以有多个零件;

(4) 拖动主体,产生一系列快照;

(5) 定义关键帧序列,系统会在关键帧之间进行插值,以产生平滑的动画效果,如果不

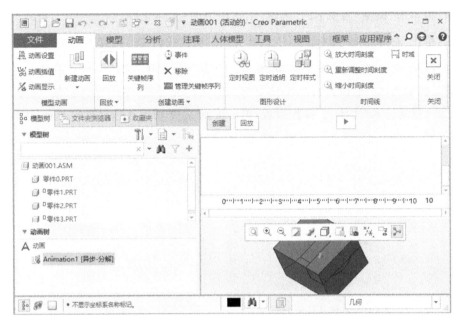

图 8-31　Creo 动画制作环境界面

是一般移动,可能需要定义伺服电动机;

（6）定义动画播放时的视图,为组件元件指定播放动画时的元件显示方式;

（7）执行动画,回放动画,可以生成视频文件;

（8）保存动画文件。

1. 准备零件

在工程制图课程中,将组合体分为两大类,叠加式组合体和挖切式组合体,如图 8-32(a)所示的就是一个挖切式组合体的例子。该组合体是依次从基本立方体中挖去三个部分(零件 1~3)而得到的,如图 8-32(b)所示。接下来制作展示这一过程的动画。

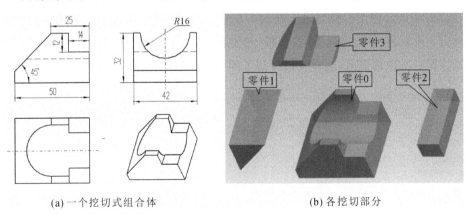

(a) 一个挖切式组合体　　　　　　　(b) 各挖切部分

图 8-32　立体的尺寸及形状

（1）首先生成一个立方块,零件名取为"零件 0"。注意满足如下要求:草图尺寸设定为 42×32,工作平面放在 FRONT 面上,RIGHT 面要为对称面,拉伸高度为 50,底面要位于 TOP 基准平面上。

（2）生成一个拉伸平面,如图 8-33(a)所示,注意要满足图 8-32 中的尺寸要求。然后选择该平面,再单击"模型"选项卡的"编辑"工具栏中的"实体化"图标 ⎗ 实体化,进入"实体化"操控面板,单击"移除材料"图标 ⟋,注意单击方向切换按钮 ⟍,选择需要的部分,再单击完成图标 ✔,即得到零件 1,如图 8-33(b)所示。点击下拉菜单"文件"→"另存为"→"保存副本",新建名称取为"零件 1"。再点击模型树上的实体化特征,单击鼠标右键,选择"编辑定义"图标 ✋,重新进入"实体化"操控面板,单击按钮 ⟍ 来切换移除材料的方向,然后退出。

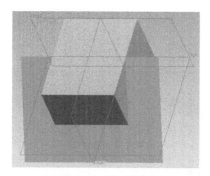
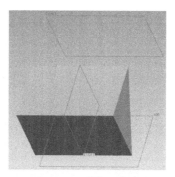

(a) 长方体及拉伸平面　　　　　　　　　(b) 零件1

图 8-33　生成零件 1

(3) 生成如图 8-34(a)所示的一个拉伸平面,注意要满足图 8-32 中的尺寸要求。同样地,选择该平面,单击"实体化"图标 ⎗ 实体化,进入"实体化"操控面板,单击"移除材料"图标 ⟋,注意单击方向切换按钮 ⟍,选择需要的部分,再单击完成图标 ✔,即得到零件 2,如图 8-34(b)所示。点击下拉菜单"文件"→"另存为"→"保存副本",新建名称取为"零件 2"。再点击模型树上的实体化特征,单击鼠标右键,选择"编辑定义"图标 ✋,重新进入"实体化"操控面板,单击按钮 ⟍ 来切换移除材料的方向,然后退出。

(4) 生成如图 8-34(c)所示的一个拉伸圆柱面(不是圆柱),直径是 32,高度为 70,注意要满足图 8-32 中的位置要求。同样的方法"实体化"后"保存副本",新建名称取为"零件 3",如图 8-34(d)所示。再点击模型树上的最后一个实体化特征,单击鼠标右键,选择"编辑定义"图标 ✋,重新进入"实体化"操控面板,单击按钮 ⟍ 来切换移除材料的方向,得到"零件0"的形状,保存文件再退出,这样我们得到了四个不同的零件。

(a) 垂直拉伸平面　　　　　(b) 生成零件2　　　　　(c)圆柱曲面　　　　　(d)生成零件3

图 8-34　生成零件 2 及零件 3

2. 装配零件

新建一个装配文件,注意单位设置要与各个零件的一致,要么都是英制要么都是公制。首先插入"零件 0",以坐标系约束"默认方式"装配。再插入其余三个零件,也都以坐标系约

束"默认方式"装入,不过定义完坐标系约束之后,再右键单击此零件找到"编辑定义"图标

,重新进入"元件放置"操控面板,在"放置"下拉工具栏中,删除掉"默认方式"坐标系约束,不然在动画模块里将无法拖动这三个零件来产生不同位置的快照。"元件"对话框中的放置状态应为"没有约束"。当然"零件 0"是基础零件,是不动的,它的"默认方式"坐标系约束不要去除。

　　单击"视图"选项卡的"模型显示"工具栏中的"显示样式"图标 ，选择"带边着色" ，则可以分清楚不同的零件模型。再关掉"基准显示"中的 、 、 和 功能图标。接下来,点击"视图"选项卡的"方向"工具栏中的"以保存方向"图标 的下拉箭头找到"重定向"选项 ，系统弹出"视图"对话框,打开"类型"下拉列表,选择"动态定向",再按下 按钮,表明将以系统提供的旋转中心轴来做旋转,将 Y 轴对应的数值修改为－30。在"视图名称"右边输入"123",再单击右上角的"保存"图标 ,最后单击"确定"退出"视图"对话框,结果如图 8-35 所示。

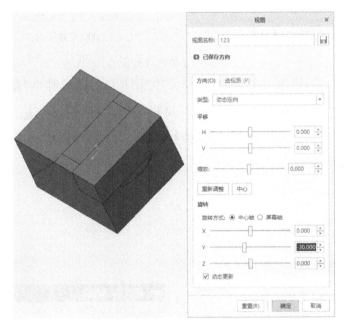

图 8-35　装配结果

3. 制作动画

　　制作动画包括:定义动画、动画设置和创建关键帧。定义动画包括分解动画 （又称为装配爆炸动画）、快照动画（零件装配动画） 和从机构动态对象导入 （机构仿真动画）。生成动画的步骤如下。

　　(1) 在刚生成的装配文件里(见图 8-35),点击"应用程序"选项卡中的"动画"图标 ,系统进入动画模块。首先单击"模型动画"工具栏中的"新建动画"图标 ,系统弹出"定义动画"对话框,如图 8-36(a)所示,直接使用缺省名字,单击"确定"后关闭对话框。

　　(2) 单击"机构设计"工具栏中的"主体定义"图标 (还是在动画模块里,如果找不

到可以单击"新建动画"下的快照图标  快照，就可以看到"机构设计"工具栏了），系统弹出"主体"对话框，点击"每个主体一个零件"，如图 8-36(b)所示。然后关闭"主体"对话框。

(a)"定义动画"对话框　　　　　　　　　　　(b) 主体定义

图 8-36　动画的定义

（3）单击"机构设计"工具栏中的"拖动元件"图标 ，系统弹出"拖动"对话框，如图 8-37(a)所示。把"快照"前面的箭头点开，找到"当前快照"按钮 ，拍下第一张快照 Snapshot1（见图 8-38），点击按钮 ，缩小模型显示。再点击"拖动"对话框中的"高级拖动选项"，如图 8-37(b)所示，单击其下的按钮 ，然后将"零件 1"移开，再点击"当前快照"按钮 ，产生第二张快照 Snapshot2（见图 8-39）。

(a)"拖动"对话框　　　　　　　　　　　(b) 高级拖动选项

图 8-37　拖动元件

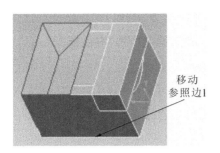

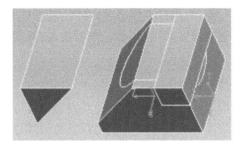

图 8-38　第一张快照　　　　　　　　　　　　图 8-39　第二张快照

（4）单击"拖动"对话框左上角的图标 ，选择"零件 2"，将"零件 2"移开，点击"当前快照"按钮 ，产生第三张快照 Snapshot3（见图 8-40）。

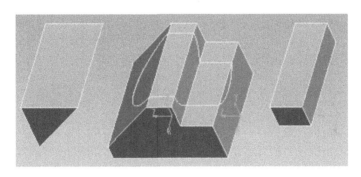

图 8-40　第三张快照

（5）再单击"拖动"对话框左上角的图标 ，选择"零件 3"，将"零件 3"移开，点击"当前快照"按钮 ，产生第四张快照 Snapshot4（见图 8-41）。关闭"拖动"对话框。

扫码可看
视频演示

图 8-41　第四张快照

（6）点击"创建动画"工具栏中的"关键帧序列"按钮 ，系统弹出如图 8-42（a）所示的"关键帧序列"对话框，在"关键帧"栏下的图标 右边的下拉列表中可以看到我们刚刚拍摄的关键帧图片。点击 按钮，序列中加入第一个快照"Snapshot1"。再打开"关键帧"栏

下的图标 📷 右边的下拉列表,选择"Snapshot2",再点击 ➕ 按钮,同样地把其他快照都加进来,结果如图 8-42(b)所示。然后单击"确定",关闭"关键帧序列"对话框。

(a)"关键帧序列"对话框　　　　　　　(b)加入"关键帧"

图 8-42　生成关键帧序列

（7）定义了某个事件后,动画元素和事件之间便建立了联系,每个事件也定义了动作,如图 8-43 所示为时间线上的某一事件。可以通过拖动单个事件来改变其在整个时间域中的位置。点击图形区内的"播放"按钮 ▶,可以播放动画,单击 回放 按钮,可以回放,也可以点击 🖫 按钮,生成动画视频文件。

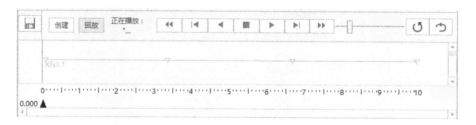

图 8-43　动画的总时域长度

习　题

8-1　创建如图 8-44 所示的行星齿轮减速连接的动画,齿轮尺寸轮廓要自行设计。

8-2　创建如图 8-45 所示的移动凸轮机构的连接动画,尺寸及轮廓自定。

8-3　创建如图 8-46 所示的组合体的连接动画,尺寸自定。

图 8-44 题 8-1 图

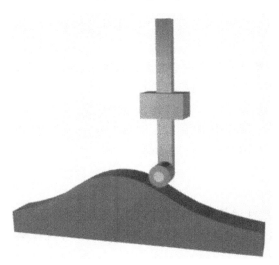

图 8-45 题 8-2 图

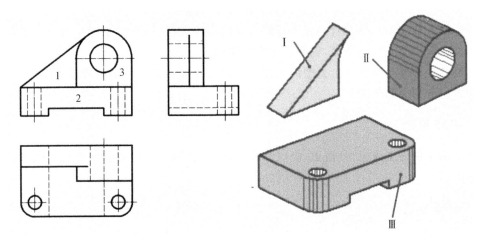

图 8-46 题 8-3 图

第9章 模具设计入门

9.1 模具设计的概述

模具是材料加工中最常使用的工具,根据制品材料的不同,工业中应用的模具类型可分为以下四大类。

冲压模:利用金属的塑性变形原理来成型金属制品,约占模具总产值的 50%。

注塑模:用于成型塑料制件,约占模具总产值的 48%。

压铸模:用于熔融轻金属,如锌、铝、镁等合金的成型。

锻模:将金属配料置于锻模中,利用锻压和锤击方式,使置于其中的配料成型。

下面以注塑模为例,介绍模具的典型结构。

1. 模具型腔

模具型腔是成型注塑件形状的主要零件,它是由凹模和凸模组成的,一般分为整体式、整体嵌入式、拼镶式型腔。其中整体嵌入式型腔主要采用标准模架,将凸凹模做成镶块,安装在标准模架的 A、B 板上。

2. 分型面

分开模具取出制品(注塑件)或分开模具取出浇注系统、既可以接触又可以分开的面叫做分型面。分型面通常是平面,也有斜面或阶梯面。

一般的注塑模至少有一个分型面。分型面的选择对塑件的质量有直接的影响,因此要认真地考虑分型面的位置。

3. 浇注系统

浇注系统包括主流道、分流道、浇口和冷料穴,是指模具浇口套和注塑机喷嘴处到型腔位置的流道。

4. 冷却系统

在工作中为了使制品冷却,一般采用冷却水道冷却模具。

5. 排气系统

排气系统在注塑成型中用于排出型腔中的气体。排气系统是模具设计中的一个重要部分,但一般情况下可以利用模具零件的配合间隙排气,而无须特意设计排气系统。

6. 脱模机构

脱模是在开模时使制品和浇注系统与模具相脱离。一般有三种方式:顶出机构、浇注系统脱出机构和侧抽芯机构。

Creo 的模具行业解决方案基于集成制造技术和并行工程技术,可以应用于各种模具的设计和制造。该软件的模具设计模块和基础模块一起,为塑料模具设计人员提供了快速创建和修改完整模具零部件的功能。模具设计具有易用、自动化功能强大的特点,适用于设计和校验。

9.2　模具设计流程

我们将以一个简单注塑模作为例子,介绍 Creo 模具设计的流程:设计零件→加载参照模型→设置收缩率→创建工件→设计分型面→创建浇注系统→载入模架→设计冷却水线。当然,各个步骤的顺序不是固定的,可以根据不同模具做弹性改变。

1. 设计零件的创建和修改

在模具设计中第一步就是进行零件的设计和修改,合理地运用前面介绍的造型命令,创建零件模型。

(1) 建立"beizi.prt"文件,草绘如图 9-1 所示零件图,选择 FRONT 面为草绘平面,Z 轴负向拉伸长度 50。

(2) 从零件 FRONT 面抽壳,壁厚 5,完成零件造型,保存文件,如图 9-2 所示。

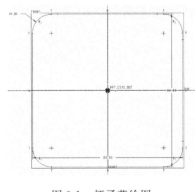

图 9-1　杯子草绘图

图 9-2　杯子三维图

2. 创建模具型腔

1）加载参照模型

(1) 单击菜单栏"文件"→"选项",在"选项"对话框中的"添加"栏填写"enable_absolute_accuracy",将值改为"yes",单击"确定"按钮,如图 9-3 所示。

扫码可看
视频演示

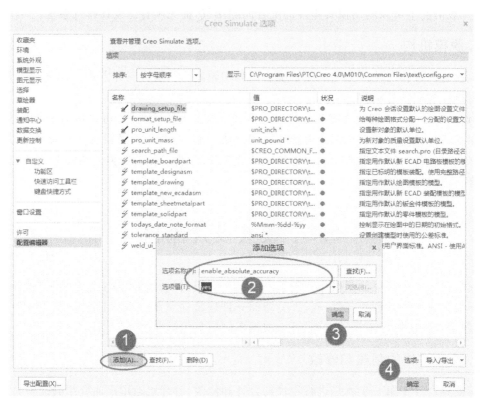

图 9-3 "选项"对话框

（2）在菜单栏中选择"文件"→"新建"命令，在弹出的"新建"对话框中分别选择"类型"栏中的"制造"和"子类型"栏中的"模具型腔"，在名称文本框中输入"beizi_start"，取消勾选"使用默认模板"复选框，最后单击"确定"按钮，如图 9-4 所示。

（3）在弹出的"新文件选项"对话框中，在"模板"栏中选择"mmns_mfg_mold"公制模具设计模板，再单击"确定"按钮，如图 9-5 所示。

图 9-4 "新建"对话框

图 9-5 "新文件选项"对话框

（4）在"模具"选项卡中选择"参考模型和工件"→"参考模型"→"定位参考模型"命令。

（5）在系统弹出的"打开"对话框中选取"beizi.prt"作为参照零件。在"创建参考模型"对话框中，接受系统产生的默认的名称，单击"确定"按钮，如图 9-6 所示。

（6）在"布局"对话框中选中"单一"单选项，系统将自动匹配参考平面进行参考模型的布局，单击"确定"按钮，完成布局，如图 9-7 所示。

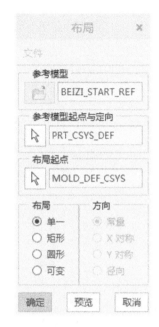

图 9-6　"创建参考模型"对话框　　　　　图 9-7　"布局"对话框

（7）系统提示组件的绝对精度值，单击"确定"，然后单击"菜单管理器"中的"完成/返回"命令，完成零件的加载，如图 9-8 和图 9-9 所示。

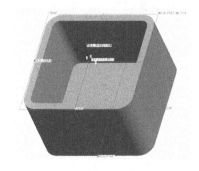

图 9-8　"菜单管理器"对话框　　　　图 9-9　参照模型三维图

2）设置收缩率

零件从温度较高的模具中取出冷却至室温后，其体积和尺寸会产生收缩现象。不同的材料有不同的收缩率，可以从相关手册中查询。

（1）在"模型"选项卡的"修饰符"工具栏中，选择"收缩"→"按尺寸"命令。

（2）在弹出的"按尺寸收缩"对话框中输入比率值，如图 9-10 所示，再单击"确定"按钮，选择"菜单管理器"中的"完成/返回"命令。

3）添加毛坯工件

创建模具的毛坯工件,就是创建一个完全包容参照模型的组件,通过分型面等特征可以将其分割为型芯或型腔等成型零件。

(1) 在"模具"选项卡的"参考模型和工件"工具栏中,选择"工件"→"创建工件"命令。

(2) 在弹出的"创建元件"对话框中输入工件的名称,单击"确定"按钮,如图 9-11 所示。

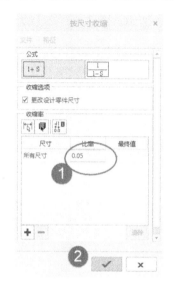

图 9-10 设置收缩率   图 9-11 "创建元件"对话框

(3) 在弹出的"创建选项"对话框中,选中"创建特征"单选项,再单击"确定"按钮。

(4) 在"模具"选项卡的"形状"工具栏中单击"拉伸"图标,弹出"拉伸"操控面板。

(5) 运用之前所学的"拉伸"命令,在平面"MAIN_PARTING_PLN"上草绘一个 100×100 的正方形,如图 9-12 所示。进行两侧拉伸,向杯口方向拉伸 25,向杯底方向拉伸 75。

(6) 单击"菜单管理器"中的"完成/返回"命令,完成工件的添加,如图 9-13 所示。

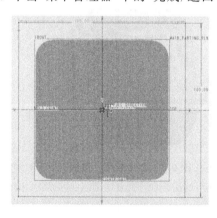

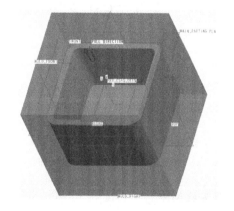

图 9-12 工件草绘图   图 9-13 工件三维图

4）创建主分型面及分割型芯的分型面

高温熔融塑料在模具型腔里冷却后,将模具型腔打开,即可取出塑件。因此,需将模具分成定模和动模两大部分,而两者相接触的面就称为分型面。

利用 Creo 进行分型面设计时,必须满足两条基本原则:一是分型面不能与自身相交;二是分型面必须与进行分割的模块或模具体积块完全相交,多个曲面可以合并成一个分型面。

(1) 在左侧的模型树上激活装配体,再把"BEIZI_GONGJIAN.PRT"遮蔽掉。按住 Ctrl 键选择杯子周边的 8 个面和 1 个底面,再单击"模具"选项卡→"操作"工具栏→"复制"按钮进行复制曲面的操作,如图 9-14 所示。接着再使用"粘贴"命令,在弹出的曲面复制控制板中单击"确定"。再将模型树中的"BEIZI_START_REF.PRT"遮蔽掉,观察复制成功的曲面,如图 9-15 所示,确认无误后,将"BEIZI_GONGJIAN.PRT"和"BEIZI_START_REF.PRT"取消遮蔽。

扫码可看
视频演示

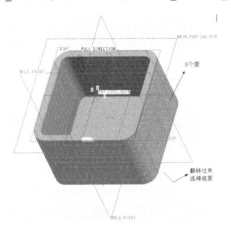

图 9-14　曲面选择　　　　　　　　　图 9-15　复制生成的曲面

(2) 单击"分型面"选项卡中"曲面设计"组的"填充"按钮,弹出"平整"命令操控面板,要求用户草绘一个图形。在"MAIN_PARTING_PLN"平面草绘一个正方形,外形尺寸与工件大小相同,为 100×100。选取工件的周边,绘出正方形。单击"确定"完成草绘,再单击"确定"完成填充命令。同时遮蔽"BEIZI_GONGJIAN.PRT"和"BEIZI_START_REF.PRT",观察图形,如图 9-16 所示。

(3) 按住 Ctrl 键选择通过复制和填充生成的两个曲面,单击"分型面"选项卡的"编辑"组中的"合并"按钮,选择正确的方向,单击"确定",完成合并曲面的命令。生成的杯子的分型面如图 9-17 所示。

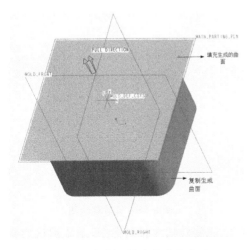

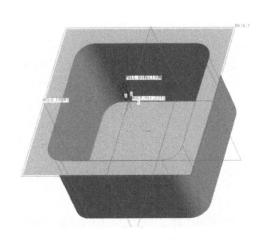

图 9-16　复制和填充生成的曲面　　　　　　　图 9-17　合并后的曲面

5）创建分割出顶杆的分型面

（1）将"BEIZI_START_REF.PRT"取消遮蔽，再单击"拉伸"图标。

（2）选取杯子的内底面为草绘平面，如图 9-18 所示。草绘四个圆，如图 9-19 所示。

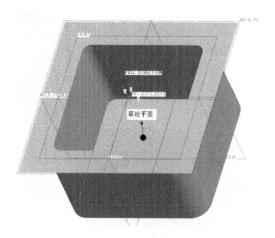

图 9-18　选择草绘平面

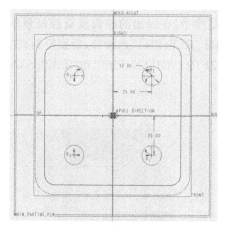

图 9-19　顶杆的草绘图

（3）在输入拉伸长度时，先将操作暂停，把"BEIZI_GONGJIAN.PRT"取消遮蔽，再开始拉伸长度操作，选取拉伸至工件"BEIZI_GONGJIAN.PRT"的顶面或直接向上拉伸 70。如图 9-20 所示，单击"确定"，完成曲面拉伸命令。

6）创建浇口流道

（1）在左侧模型树内激活"BEIZI_START"装配体，单击"模型"选项卡的"切口和曲面"组中的"旋转"按钮，弹出旋转命令操控面板，确保"实体"按钮被按下，选取"MOLD_RIGHT"面作为草绘平面，草绘一个直角梯形，如图 9-21 所示，并加入中心线作为旋转中心。

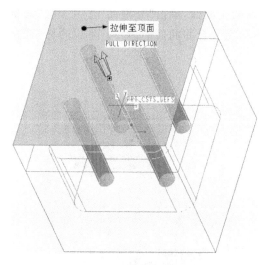

图 9-20　顶杆拉伸至顶面

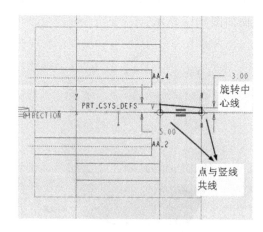

图 9-21　流道草绘图

（2）单击"确定"完成草图的绘制，单击"确定"完成旋转切除材料命令（系统默认为切除材料）。生成的流道如图 9-22 所示。

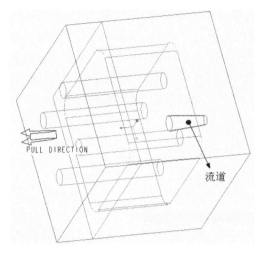

图 9-22 流道 3D 图

7）分割体积块

（1）在模型树内激活整个装配体"BEIZI_START.ASM"，单击"模具"选项卡的"分型面和模具体积块"组内的"体积块分割"按钮，在弹出的"体积块分割"面板最右侧单击"参考零件切除"按钮，面板切换成"参考零件切除"面板，单击"确定"，切除参考零件。系统自动回到"体积块分割"面板中，单击 ▶ 按钮继续操作分割体积块，单击"分型面"选项栏，再选择图形区的合并的分型面，单击"确定"。模型树内会生成 2 个体积块，如图 9-23 所示。

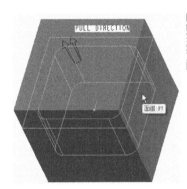

图 9-23 分割体积块

（2）分割后的体积块还不是实体零件，要使用"型腔镶块"命令来生成实体零件。选择"模具"选项卡内"模具元件"下拉列表中的"型腔镶块"命令，进入"创建模具元件"对话框，如图 9-24 所示。修改"体积块_1"的模具元件名称为"dingmoban"。同样的，修改"体积块_2"的模具元件名称为"dongmoban1"，如图 9-25 所示。

图 9-24 定模板修改

图 9-25 动模板修改

（3）单击全选按钮，选择两个体积块再单击"确定"，如图 9-26 所示。此时左侧的模型树中就会增加"DINGMOBAN. PRT"和"DONGMOBAN1. PRT"两个零件。

（4）使用同样的方法把"DONGMOBAN1. PRT"分割成顶杆和动模板两个零件。先将"BEIZI_GONGJIAN. PRT""BEIZI_START_REF. PRT"和"DINGMOBAN. PRT"遮蔽掉，把"复制 1""填充 1""合并 1"三个曲面隐藏，观察零件，如图 9-27 所示。

图 9-26 "创建模具元件"对话框

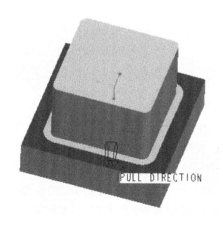

图 9-27 Dongmoban1 零件图

（5）单击"模具"选项卡中的"模具体积块"图标，在弹出的"体积块分割"操控面板中选择"体积块_2"作为分割体积块，选择分型面曲面"拉伸 1"作为分割曲面，单击"确定"，如图 9-28 所示。模型树内会生成体积块 3、4、5、6、7 五个模具体积块。

（6）选择"模具"选项卡内"模具元件"→"型腔镶块"命令，进入"创建模具元件"对话框，如图 9-29 所示。将体积块 3、4、5、6、7 的模具元件名称分别修改为动模板、顶杆 1、顶杆 2、顶杆 3、顶杆 4。再全部选中后单击"确定"，将体积块抽取为零件。

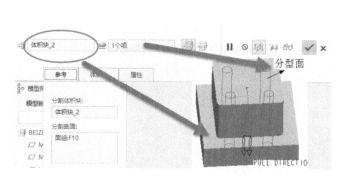

图 9-28 "体积块分割"操控面板

图 9-29 修改动模板和顶杆名称

（7）将"拉伸 1"曲面和"旋转 1"曲面隐藏，遮蔽"DONGMOBAN1. PRT"，将"DINGMOBAN. PRT"取消遮蔽。屏幕上只留下了 DINGMOBAN. PRT、DONGMOBAN. PRT、DINGGAN1. PRT、DINGGAN2. PRT、DINGGAN3. PRT 和 DINGGAN4. PRT 六个零件。

（8）至此，模具的核心部分设计完毕，如图 9-30 所示。

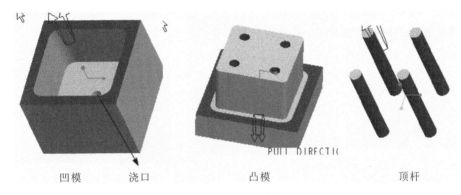

凹模　　　浇口　　　　　　凸模　　　　　　顶杆

图 9-30　模具核心部分的零件图

3. 铸件生成

在 Creo 中，可以通过浇口、流道来模拟填充型腔，从而创建浇注件，即铸模。

（1）单击"模具"选项卡中的"创建铸模"按钮，输入零件名称"zhumo"，单击"确定"，接着输入零件公用名称，直接单击"确定"完成铸模过程。在左侧模型树上会增加"ZHUMO. PRT"零件。

（2）可以通过遮蔽掉 DINGMOBAN. PRT、DINGGAN. PRT 和 DONGMOBAN. PRT 等零件来观察铸件。或者直接在模型树上右键单击"ZHUMO. PRT"零件，在弹出的菜单中选取"打开"命令来观察铸件，如图 9-31 所示。

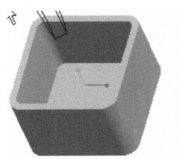

扫码可看
视频演示

图 9-31　铸件三维图

4. 开模模拟

（1）单击"模具"选项卡的"模具开模"，在菜单管理器中选择"定义步骤"→"定义移动"命令，在模型树中选择 DINGGAN1. PRT、DINGGAN2. PRT、DINGGAN3. PRT、DINGGAN4. PRT 零件，单击"确定"。接着选择顶面作为开模方向，输入距离 250，单击"确定"。再次单击"定义移动"，选择 DONGMOBAN. PRT 零件，确定后接着选择顶面作为开模方向，输入距离 180。再用同样的方法定义 ZHUMO. PRT 零件的移动距离为 80，最后单击"完成"按钮,如图 9-32 所示。

（2）可以根据需要用"模具开模"→"修改尺寸"命令修改每个部分的距离。

5. 装配模架

模架分标准模架和自主设计的模架,有兴趣的读者可以查阅模具设计手册,按照标准模架中的各种零件,一一建立 3D 实体模型,然后装配起来,如图 9-33 所示。将前面设计的凸凹模和顶杆装配到标准模架中去,就得到一套完整的模具 3D 模型。

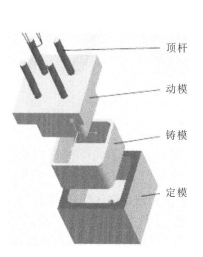

顶杆

动模

铸模

定模

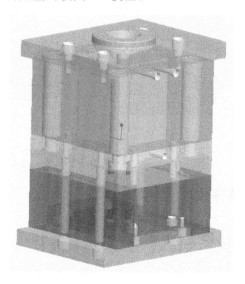

图 9-32　开模模拟图　　　　　　图 9-33　整套模具装配图

第 10 章 Creo/NC 模块

10.1 Creo/NC 模块简介

计算机辅助图形数控编程是随着数控机床应用的扩大而逐渐发展起来的,在数控加工的实践中,逐渐发展出各种适应数控机床加工过程的计算机自动编程系统。

Creo 作为一个集成化的 CAD/CAM/CAE 系统,在产品加工制造的环节上,同样提供了强大的加工制造模块——Creo/NC 模块。

Creo/NC 模块能生成驱动数控机床加工 Creo 零件所必需的数据和信息,从而能够支持数控加工的全过程。Creo 系统的全相关统一数据库能将设计模型的变化体现到加工信息中,利用它所提供的工具能够使用户按照合理的工序将设计模型处理成 ASCII 码的刀位数据文件、刀具清单、操作报告、中间模型、机床控制文件等。

该模块的应用范围很广,包括数控车床、数控铣床、数控线切割、加工中心等的自动编程方法。

1. 一般数控加工基本流程

在数控机床加工零件时,首先要根据零件图样进行工艺分析和数值计算,编写出程序清单,然后将程序代码输入机床控制系统中,从而有条理地控制机床的各部分动作,最后加工出符合要求的产品。

加工过程如下:

(1) 根据零件图建立加工模型特征;

(2) 设置被加工零件的材料、工件的形状与尺寸;

(3) 设计加工机床参数,确定加工机床的型号、规格等各项参数;

(4) 选择加工方式,确定加工零件的定位基准面、加工坐标系和编程原点;

(5) 设置加工参数(如机床主轴转速、进给速度等);

(6) 进行加工仿真,修改刀具路径达到最优;

(7) 后期处理生成 NC 代码。

2. 基本概念

1) 参照模型

参照模型是进行数控加工操作的基础,模型中的表面、边线、轮廓等特征都可以作为刀具路径的参照。参照模型的几何要素提供了参照模型和工件之间的一种关联,这种关联使得设计模型发生变化时,所有的相关加工操作都发生相应的改变,从而体现出 Creo 系统全参数化的优越性。参照模型可以在零件模块中创建,也可以在制造模块中创建。

2）工件

工件是数控操作的加工对象,即工件毛坯。工件的几何形状可以为任意形状,主要由设计者根据零件的加工工艺进行确定,毛坯一般为棒料、板料、铸件和锻件。Creo/NC 中的工件可以是零件模式下创建的一个 .Prt 文件 ,也可以是 .Asm 组件,还可以通过复制参照模型、修改尺寸、删除或隐含特征来代表实际的工件;另外工件还可以在制造模式下直接创建。

在制造设置中如果不需要考虑工件的加工过程及材料剪切情况,就可以不设置工件。但是一般建议用户设置工件,因为使用工件有如下好处:① 在生成 NC 序列时自动定义加工范围;② 可以动态演示加工过程和检测切削干涉现象。

3）制造模型

制造模型一般由参照模型和工件组成,参照模型可以通过装配命令组合在一起。一个完整的制造模型应该包括零件的形状数据与工件的几何形状数据及空间位置关系。一个制造模型创建完成后,应该包含以下四个单独的文件:参照模型、工件、加工组件、加工工艺文件。

3. Creo/NC 数控加工操作过程

Creo/NC 数控加工的操作过程包括创建制造模型、设置加工操作环境(机床、刀具、夹具、退刀面等设置)、加工设置(进行 NC 序列设置、后置处理),以及通过生成的程序驱动数控机床进行数控加工。

1）创建制造模型

参照模型和工件需要的模型可以在零件模块中创建,然后在制造模块中调入并装配完成,也可以在制造模块中直接创建。

2）设置加工环境

根据参照模型和工件毛坯的特点,加工环境的设置包括:机床的参数设置、刀具设置、夹具设置和退刀面设置。

机床的参数设置主要是进行机床类型和主轴数的设置,所设定的机床类型决定了用其创建的数控加工轨迹类型,所设置的机床参数会记录在当前的 Creo/NC 文件中,供后续设计加工程序使用。

加工刀具的设置主要是进行刀具特性参数的设置和几何参数的设置。其中特性参数包括刀具名称、加工类型、刀具材料和刀具单位。刀具几何参数包括刀具切削直径、刀具几何长度、角半径和侧角等。

夹具用于在制造过程中定位或夹紧工件所需的零件或组件。当制造过程中需要夹具时,必须在制造设置中进行夹具设置。每个夹具设置有一个名称,当夹具设置激活时,在制造模型中会出现相应的夹具组件信息,所以必须以显式方式定义每个制造模型的夹具设置。与机床或刀具设置不同,不能把一个夹具设置从一个制造模型直接应用到另一个制造模型中。夹具设置可以在机床设置的同时进行,也可以在设置操作时或在两个数控加工轨迹之间的任意时刻来进行夹具设置。

退刀面设置的作用是避免刀具在不同的加工区域之间移动、碰撞工件或者加工其他零件。设置了退刀面后,刀具在不同的加工区域之间交换时,就能在距离工件一定的安全范围以外进行移动而不发生碰撞。

3）创建 NC 序列

NC 加工过程涉及多种加工方法,每一种加工方法对应的加工参数不同,加工方法的设置即为 NC 序列设置。创建一个 NC 序列主要包括以下几步:名称设置、刀具设置、参数设置、加工区域设置、产生刀位数据文件。

Creo/NC 中的铣削加工选项有体积块、局部铣削、曲面铣削、表面、轮廓、腔槽加工、定制轨迹、轨迹、孔加工、螺纹、刻模、陷入、粗加工、重新粗加工、精加工、拐角精加工、手动循环、2 轴、3 轴。

Creo/NC 中的车削加工选项有区域、轮廓、凹槽、螺纹和孔加工。

4）后置处理

由于刀位数据文件不能直接用来控制数控机床的运行,因此需要通过后处理设置把刀具位置数据文件转换成机床能够识别的代码,用后处理文件来控制机床的运行。

10.2　加 工 实 例

NC 加工模块掌握起来难度较大,对初学者的专业性和实际生产经验都有一定的要求。本书提供一个简单的例子,介绍一下 NC 加工模块的设计流程,供初学者参考。

1. 创建零件模型

打开 Creo,创建一个 product. prt 文件,取消勾选"使用缺省模板"复选框,选择"mmns"模板。以 FRONT 面为零件的底面,零件尺寸如图 10-1 所示。创建的零件模型如图 10-2 所示。

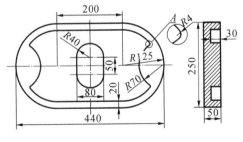

图 10-1　零件尺寸图

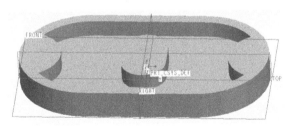

图 10-2　零件三维立体图

2. 创建制造模块

（1）创建参照模型。打开 Creo,新建一个类型为"制造"、子类型为"NC 装配"的文件,选择"mmns_mfg_nc"模板,文件名设为"milling"。在"元件"工具栏单击"参考模型"→"组装参考模型",选择刚才建立的 product. prt 文件,在"装配"操控面板中选择"默认",单击"确定"。

（2）创建工件模型。单击"元件"工具栏中的"工件"→"自动工件",在操控面板中打开

"选项"标签,如图 10-3 所示,将"X 整体"修改为 480,"Y 整体"修改为 280。单击"确定"后生成一个完全包裹着 product 零件的工件,如图 10-4 所示。

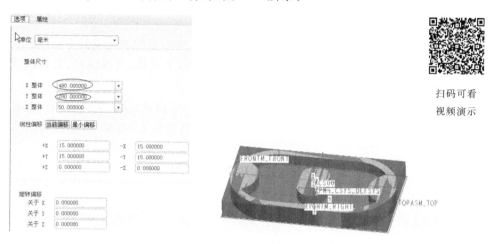

扫码可看
视频演示

图 10-3　创建工件模型选项　　　　　　图 10-4　生成的工件

3. 设置加工环境

此环节涉及的机床和加工工艺参数太多,有些工艺参数的选择需要一定的专业技术和实际加工经验,所以我们这里只简单地介绍以下几个步骤,填入一些必要的工艺参数。

(1) 单击"机床设置"工具栏中的"工作中心"按钮 ,进行机床设置。在弹出的对话框中按照图 10-5 进行设置。单击"确定"按钮,完成机床设置。

图 10-5　"铣削工作中心"对话框

(2) 单击"工艺"栏中的"操作"命令,弹出"操作设置"操控面板,如图 10-6 所示。

图 10-6 "操作设置"操控面板

（3）在"操作设置"操控面板，单击"机床零点"后面的选取按钮，然后选择"NC_PRT_CSYS_DEF:F9（坐标系）"为加工坐标系。注意，如果默认的坐标系的 Z 轴方向不与加工方向一致，用户需自行选择其他与加工方向一致的坐标系，否则系统将无法进行加工程序的工作。

（4）单击"确定"，完成操作设置。

4. 铣削体积块

（1）创建铣削体积块。单击"制造几何"栏中的"铣削体积块"图标，进入建立铣削体积块环境。

扫码可看
视频演示

（2）选择菜单栏中的"插入"→"拉伸"图标，弹出"拉伸"操控面板。利用之前学的"拉伸"命令，在零件的顶面进行草绘，如图 10-7 所示。

（3）拉伸至零件的底部平面，完成铣削体积块的建立，如图 10-8 所示。

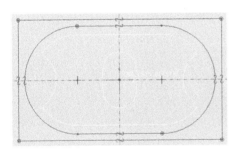

图 10-7 铣削体积块草绘图

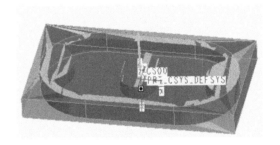

图 10-8 建立铣削体积块

（4）创建体积块加工序列。单击"铣削"→"粗加工"→"体积块粗加工"命令，弹出"体积块铣削"操控面板，如图 10-9 所示。

图 10-9 "体积块铣削"操控面板

（5）单击图标，弹出"刀具设定"对话框，设置参数如图 10-10 所示。单击"应用"，再单击"确定"。

（6）弹出"编辑序列参数'体积块铣削 1'"对话框，各项参数设置如图 10-11 所示。"切削进给"设置为 200，"步长深度"设置为 4，"跨距"设置为 8，"安全距离"设置为 30，"主轴速率"设置为 2000。最后单击"确定"。

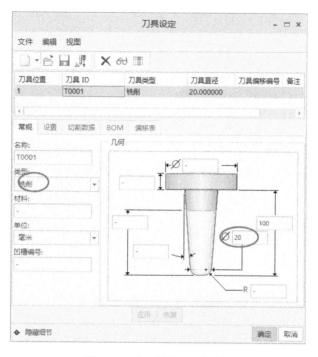

图 10-10　"刀具设定"对话框

（7）在"间隙"标签下设置退刀面距离为 150，如图 10-12 所示。工作区会出现退刀平面，单击"确定"完成设置。

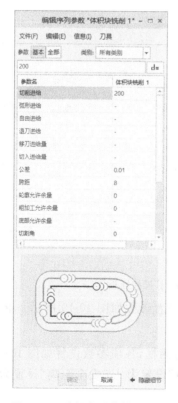

图 10-11　编辑序列参数对话框　　　　图 10-12　退刀设置

（8）单击"确定"退出体积块铣削操控面板。

（9）在模型树中选择"体积块铣削 1"，右键弹开菜单，选择"播放路径"命令，弹出"播放路径"对话框，如图 10-13 所示。单击播放按钮，可以生成如图 10-14 所示的刀具路径3D 图。

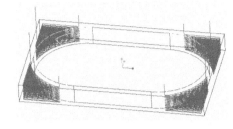

图 10-13　"播放路径"对话框　　　　图 10-14　刀具路径 3D 图

5.轮廓铣削

（1）单击"铣削"工具栏下的"轮廓铣削"命令，弹出"轮廓铣削"操控面板，如图 10-15所示。

图 10-15　"轮廓铣削"操控面板

（2）单击 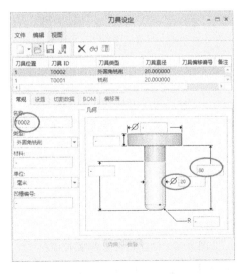 图标，弹出"刀具设定"对话框，设置参数如图 10-16 所示。单击"应用"，再单击"确定"。

图 10-16　"刀具设定"对话框

（3）弹出"编辑序列参数'轮廓铣削 1'"对话框，"切削进给"设置为 200，"步长深度"设置为 5，"安全距离"设置为 40，"主轴速率"设置为 2000。

（4）单击"参考"选项，弹出"参考"对话框，类型选择"曲面"，加工参考选择时先暂停操作，在左侧模型树中将工件隐藏，将拉伸生成的体积块隐藏。再继续选择加工曲面的操作，按住 Ctrl 键选择零件周边的 4 个面，如图 10-17 所示，单击"确定"。

（5）在"轮廓铣削"操控面板中单击"路径预览"图标，可以观察刀具路径，如图 10-18 所示。单击"刀具路径动态演示"图标，可以观看刀具路径的动态 3D 模拟演示，单击"材料移除演示"图标可以播放 3D 模拟加工过程。

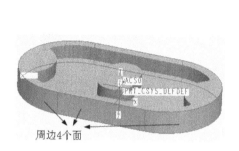

图 10-17　选择 4 个曲面的图示　　　　图 10-18　刀具路径 3D 图

（6）在左侧模型树中，取消刚才隐藏的工件和体积块。

6. 凹槽的体积铣削

（1）单击"制造几何"工具栏中的"铣削体积块"命令，进入建立铣削体积块环境。

（2）选择"形状"→"拉伸"命令。以零件顶部平面为草绘平面，草绘如图 10-19 所示的图形。完成草绘，拉伸至零件底部平面，完成铣削体积块的创建。

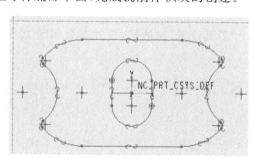

扫码可看
视频演示

图 10-19　凹槽体积块草绘

（3）创建体积块加工序列。单击"铣削"→"粗加工"→"体积块粗加工"命令，弹出"体积块铣削"操控面板，如图 10-20 所示。

图 10-20　"体积块铣削"操控面板

（4）单击 ▼ 图标，弹出"刀具设定"对话框，设置参数如图 10-21 所示。然后单击"应用"，再单击"确定"。

（5）弹出"编辑序列参数'体积块铣削 2'"对话框，"切削进给"设置为 200，"步长深度"

设置为 4,"跨距"设置为 8,"最大台阶深度"设置为 4,"安全距离"设置为 50,"主轴速率"设置为 2000。单击"确定"完成设置。

（6）在"间隙"标签下,设置退刀距离为 150。

（7）在"体积块铣削"操控面板中选择"路径预览"图标,可以观察刀具路径,如图 10-22 所示。单击"刀具路径动态演示"图标,可以观看刀具路径的动态 3D 模拟演示,单击"材料移除演示"图标可以播放 3D 模拟加工过程。

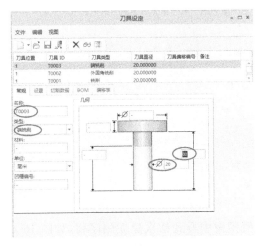

图 10-21　"刀具设定"对话框

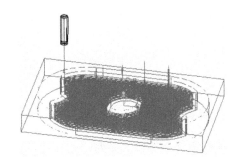

图 10-22　刀具路径 3D 图

7. 局部铣削

（1）单击菜单栏的"铣削"→"局部铣削"→"前一步骤"命令,弹出选取特征的"菜单管理器",单击"NC 序列"→"3:体积块铣削 2",再单击"确定"。

（2）弹出 NC 序列的"菜单管理器",勾选"序列设置"中的"刀具""参数"复选框。

（3）在"刀具设定"对话框中设置参数,如图 10-23 所示,单击"确定"完成设置。

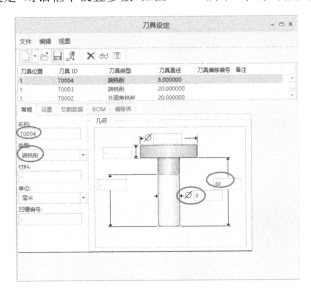

图 10-23　"刀具设定"对话框

（4）弹出"编辑序列参数'局部铣削'"对话框，"切削进给"设置为 200，"步长深度"设置为 5，"跨距"设置为 10，"安全距离"设置为 50，"主轴速率"设置为 2000。单击"确定"完成设置。

（5）在"菜单管理器"中选择"播放路径"→"屏幕演示"命令，显示如图 10-24 所示的刀具路径轨迹。

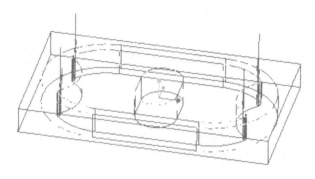

图 10-24　刀具路径 3D 图

8. 保存文件

完成零件 NC 加工序列的建立后，可以在模型树中看到依次建立的序列，如图 10-25 所示。可以单击鼠标右键打开序列的菜单后选择"播放路径"，模拟加工轨迹。

MILLING.ASM
  NC_ASM_RIGHT
  NC_ASM_TOP
  NC_ASM_FRONT
  NC_ASM_DEF_CSYS
 ▶ PRODUCT.PRT
  ACS0
 ▶ MILLING_WRK_01.PRT
  MILL01
  NC_PRT_CSYS_DEF
 ▶ 拉伸 1 [MILL_VOL_1 - 铣削体积
  OP040 [MILL01]
  1. 体积块铣削 1 [OP040]
  2. 轮廓铣削 1 [OP040]
 ▶ 拉伸 2 [MILL_VOL_2 - 铣削体积
  3. 体积块铣削 2 [OP040]
 ▶ 4. 局部铣削 [OP040]

扫码可看
视频演示

图 10-25　模型树展示

参 考 文 献

[1] 何建英,阮春红,池建斌,等.画法几何及机械制图[M].7 版.北京:高等教育出版社,2016.

[2] 李喜秋,阮春红,胥北澜,等.画法几何及机械制图习题集[M].7 版.北京:高等教育出版社,2016.

[3] 黄其柏,阮春红,何建英,等.画法几何及机械制图[M].6 版.武汉:华中科技大学出版社,2015.

[4] 阮春红,魏迎军,朱洲,等.画法几何及机械制图习题集[M].6 版.武汉:华中科技大学出版社,2015.

[5] 阮春红,何建英,李喜秋.三维机械构形设计——工程制图提高篇[M].武汉:华中科技大学出版社,2006.

[6] 林清安.完全精通 Pro/Engineer 野火 5.0 中文版入门教程与手机实例[M].北京:电子工业出版社,2010.

[7] 林清安.Pro/Engineer Wildfire 2.0 基础入门与范例[M].北京:电子工业出版社,2005.

[8] 林清安.Pro/Engineer Wildfire 2.0 零件设计基础篇(上)[M].北京:清华大学出版社,2005.

[9] 林清安.Pro/Engineer Wildfire 2.0 零件设计基础篇(下)[M].北京:清华大学出版社,2005.

[10] 林清安.Pro/Engineer 2001 零件设计高级篇(上)[M].北京:清华大学出版社,2003.

[11] 林清安.Pro/Engineer 2001 零件设计高级篇(下)[M].北京:清华大学出版社,2003.

[12] 林清安.Pro/Engineer Wildfire 零件设计进阶篇(下)[M].北京:中国铁道出版社,2005.

[13] 林清安.Pro/Engineer Wildfire 2.0 造型曲面设计[M].北京:电子工业出版社,2006.

[14] 林清安.Pro/Engineer Wildfire 2.0 零件装配与产品设计[M].北京:电子工业出版社,2005.

[15] 秦莉.Pro/Engineer 5.0 野火版模具设计(基础·案例篇)[M].北京:中国铁道出版社,2010.

[16] 高长银,张又林,杨学围.Pro/Engineer 野火 4.0 中文版曲面设计技法与典型实例[M].北京:电子工业出版社,2009.

[17] 何煜琛. Pro/Engineer 野火中文版建模基础技术[M]. 北京:清华大学出版社,2004.

[18] 王国业,王国军,胡仁喜,等. Pro/ENGINEER Wildfire 5.0 中文版机械设计从入门到精通[M]. 北京:机械工业出版社,2009.

[19] TianShiM 设计工作室,钟日铭. Pro/Engineer 野火版工业设计经典手册[M]. 北京:人民邮电出版社,2006.

[20] 阎伍平,张廷发,李俊娜. 中文版 Pro/ENGINEER 野火 4.0 经典学习手册[M]. 北京:科学出版社,2010.

[21] 谭雪松,张霞. Pro/ENGINEER Wildfire 4.0 中文版机械设计(机房上课版)[M]. 北京:人民邮电出版社,2009.

[22] 雪茗斋电脑教育研究室. Pro/Engineer 野火版机械设计实例课堂[M]. 北京:人民邮电出版社,2006.

[23] 王卫兵,王金生. Pro/ENGINEER 野火中文版数控编程实用教程[M]. 北京:清华大学出版社,2006.

[24] 韩玉龙. Pro/ENGINEER 玩具造型设计专业教程[M]. 北京:清华大学出版社,2004.

[25] 钟日铭. Pro/ENGINEER 产品建模与 Cinema 4D 渲染表现[M]. 北京:清华大学出版社,2010.

[26] 常旭睿. Pro/ENGINEER Wildfire 4.0 模具设计专家实例精讲[M]. 北京:机械工业出版社,2009.

[27] 陈永辉. Pro/ENGINEER 野火中文版 5.0 产品造型设计与破面修补[M]. 北京:电子工业出版社,2010.

[28] 祝凌云,李斌. Pro/ENGINEER 运动仿真和有限元分析[M]. 北京:人民邮电出版社,2004.

[29] 汪建兵,张云杰. Pro/ENGINEER Wildfire (中文版)工程图设计[M]. 北京:清华大学出版社,2005.

[30] 张忠林,张永锐. Pro/ENGINEER Wildfire 5.0 机械设计行业应用实践[M]. 北京:机械工业出版社,2010.

[31] 孙江宏,黄小龙. Pro/ENGINEER Wildfire (野火版)数控加工教程[M]. 北京:清华大学出版社,2005.

[32] 胡仁喜,康士廷,刘昌丽,等. Pro/ENGINEER Wildfire 5.0 中文版入门与提高[M]. 北京:化学工业出版社,2010.

[33] 詹建新. Creo4.0 造型设计实例精讲[M]. 北京:电子工业出版社,2017.

[34] 黄建峰. 中文版 Creo4.0 从入门到精通[M]. 北京:机械工业出版社,2017.

[35] 黄晓华,徐建成. Creo3.0 机械设计与制造[M]. 北京:电子工业出版社,2016.

[36] 齐从谦,李文静. Creo3.0 三维创新设计与高级仿真[M]. 北京:中国电力出版社,2017.

[37] 詹友刚. Creo3.0 运动仿真与分析教程[M]. 北京:机械工业出版社,2014.